JN064515

図書館司書30人が選んだ

猫の本棚

～出会いから別れまでの299(ニクキュウ)冊～

高野一枝 編著

YAE

ま え が き

猫に関わる本は多岐にわたりたくさんあります。では、その多くの本の中で、自分のお目当ての猫本をどのようにして探すのか……そんなときに役に立つのが、森羅万象の本や情報を扱う司書（ししょ）です。

司書とは、本や情報を扱う仕事をしている図書館で働く専門職員のことです。「司書」資格は、図書館法に規定された日本の法制度上の国家資格なのです。

図書館で働く全ての人が司書資格を有しているわけではありません。皆さんの中には、図書館で働く人は、カウンターで、「ピッピッ」と本をスキャンするだけの簡単な仕事と思っている方がいるかもしれません。

図書館の仕事と一口に言っても、1年に7万冊前後出版される本の選書に除籍作業（棚から本を取り除く作業。そうしないと新しい本が並びません）、移動図書館、カウンターで直接応対するサービスなど、さまざまなサービスがあります。中でも、「レファレンスサービス」は、「xx年の小麦粉の輸入のことを知りたいんだけど」とか、「こんな本が読みたいんだけど……」など、利用者の情報を手掛かりに一緒に探す相談サービスで、司書の大切なサービスです。日本図書館協会は、司書の地位やより高い専門性の向上を目指し、「認定司書」制度を2011年に設立しました。認定更新者を含め、2021年4月現在157名が認定司書として活躍しています。

この本は、中学生以上のおとなを対象にした、猫との出会いから別れまで、猫に関わる本を司書が厳選して紹介した本です。紹介本ならほかにもあるでしょうが、この本は一味違います。なぜって、本を紹介する人は、「本と利用者を結ぶ」＝「著者と読者を結ぶ」＝「人と人を結ぶ」司書だからです。

この本のお薦めポイントは３つあります。

（１）司書は本と利用者を結ぶプロ

本の内容はもちろん、背景、どういう著者がどんな動機で本を書いたか、類書と比べていかにこの本がいいのかなどなど、お薦めポイントがわかりやすい文章にまとめられています。貸出が多い本や流行の本は誰でも目にすることができますが、埋もれた本の発掘は、司書だからこその視点です。お薦めの一言だけで、「ぴぴっ！」ときて、書店や図書館へ思わず駆け込む方がいることを受け合います。

（２）索引は司書の大事な仕事

たくさんの本からお目当てを見つけるためのツールを作るのも司書の大事な仕事です。この本では目次に沿った書誌一覧、書名から探せる書名索引、著者や画家や写真家からも探せる著者名索引がついていて、様々なアクセスが可能です。

（３）日本十進分類法（NDC）の付加

お目当ての本を見つけたら書店で買うも良し。書店になければ、図書館へ行って探すもよし。そこで本を探すときに役立つのが日本十進分類法（NDC）です。NDC は図書館の本棚を探すときの目印ですが、詳しくは「猫カフェ」のコラム（p50）で説明します。

読みたい本が近所の図書館の棚に見当たらないときは、司書に問い合わせいただくと、近隣の図書館に貸出依頼をかけ、通常の本と同じように貸出できる「相互貸借」サービスもあります。本棚にないからと諦めずに、司書にお声かけください。

この本の中身をちょっとだけ補足します。

猫に出会い、猫と暮らし、猫と別れるまでの間、必要とする本は変わっていきます。本編は、その流れに沿った章立てで紹介していきます。文中に出てくる保護猫とは、様々な理由で保護された飼い主のいない猫のことをいいます。文学作品は作家の年代で分けましたが、複数の著者が書いているアンソロジーは別項にしました。絵本は、あえて、大人でも楽しめる本を選びました。マンガは番外編で紹介しています。

合間の「猫カフェ」コラムには、司書のつぶやきや図書館の使い方の知恵も満載です。

最近の図書館は、本を貸すだけでなく、イベントや講座など人をつなぐ場所でもあります。猫の紹介本を楽しみつつ、図書館に興味を持っていただき、足を運んでいただければ嬉しい限りです。

それでは、司書のセンスが存分に生かされた、「猫の世界」をお楽しみください。

2021年10月

高　野　一　枝

〈この本の使い方〉
本文の例

■ノラや　（中公文庫）

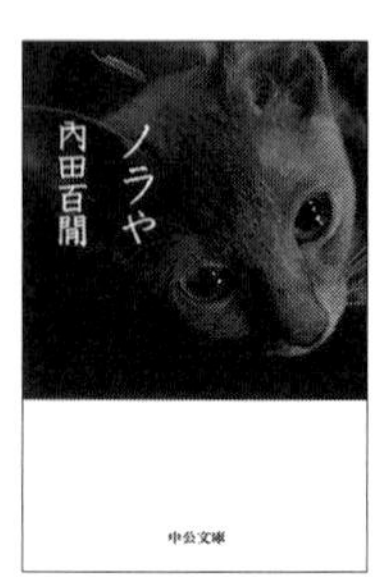

◆内田百閒 著
◆中央公論新社　1997 年　328p
◆ NDC：913.6；914.6（エッセイ）

☆**司書のおすすめひとこと**
夏目漱石門下の一人内田百閒（ひゃっけん）（1889–1971）の、飼い猫にまつわる随筆集。ペットロス小説のはしり !?

老境に差し掛かった頃、○○○○○○○○○○○○○○○
○○○○○○○○○○○○○○○○○○○○○○○○○○○
○○○○○○○○○○○○○○○○○○○○○○○○○○○
○○○○○○○○○○○○○○○○○○○○○○○○○○○
○○○○○○○○○○○○○○○○○○○○○○○○○○○
○○○○○○○○○○○○○○○○○○○○○○○○○○○
○○○○○○○○○○○○○○○○○○○○○○○○○○○
○○○○○○○○○○○○○○○○○○○○○○○○○○○
○○○○○○○○○○○○○○○○○○○○○○○○○○○
○○○○○○○○○○○○○○○○○○○○○○○○○○○
○○○○○○○○○○○○○○○○○○○○○○○○○○○
○○○○○○○○○○○○○○○○○○○○○○○○○○○
○○○○○○○○○○○○○○○○○○○○○○○○○○○
○○○○○○○○○○○○○○○○○○○○○○○○○○○
○○○○○○○○○○○○ CD もあります。（砂）

（物故した著者には、生没年を入れてあります）

〈解　説〉

（1）本文の記載事項

■本の書名：副題など　（シリーズ名）

◆著者名と役割………翻訳者、画家なども含む。監修者は、それしかない時のみ記載。

◆出版社　出版年　ページ数

◆NDC（本のジャンル）………NDC（日本十進分類法）の番号と、「絵本」「紙芝居」「小説」「詩歌」「児童書」「エッセイ」の６種類のジャンルを記載

☆司書のおすすめひとこと………執筆者が魅かれたポイントなど

紹介文

………本の内容、構成、特徴など。末尾に執筆者サイン

（2）使い方のヒント

・本文では、猫との出会いから別れまでの時間に沿った章立てで本が並んでいます。章の中はテーマごとであったり著者ごとであったり、読んでからのお楽しみです。

・「書誌一覧」には、本文の見出しに出した本と、紹介文に出てきた猫に関する本の、書名、著者、出版社、出版年を、本文掲載順に記載してあります。

・「書名索引」には、「書誌一覧」にある本の書名を五十音順に並べてあります。

・「著者名索引」には、「書誌一覧」にある本の著者を五十音順に並べてあります。

・「執筆者一覧」には、執筆者自己紹介とサインをまとめてあります。

（門）

猫の本から広がる世界

我が家には猫が２匹います。

一目ぼれしてお迎えしたツンデレ長毛女子と、２年後にやってきた甘ったれで脱走上手な短毛男子。家族の一員として、なくてはならない存在です。

小さい頃に読んだ椋鳩十の『モモちゃんとあかね』で、猫と心を通い合わす生活がしたいと憧れを抱き、９年前に『文庫版うちの猫ら』を手にしたのをきっかけに、猫と暮らしたい!!と決意して、実際に我が家に猫を迎える活動を半年間続け、ようやく、憧れていた猫との生活が始まりました。

猫がいる暮らしは、私の毎日を朗らかに豊かなものとしてくれました。それは家族も同様で、犬派だった夫は毎朝の餌係となり、長毛女子を猫可愛がりする毎日（笑)。息子たちは猫をもふもふと愛でることで反抗期をうまくかわしながら大きくなりました。家族の輪がささくれることなく緩やかにつながりながら日々を過ごせているのは、このコらがいてくれるからに違いない……と、２匹を眺めながら思います。

そして、同時に豊かになったものは、我が家の本棚。『うちの猫ら』を皮切りに、猫に関する本ばかりが目に留まるようになりました。猫のやんちゃっぷりをふんだんに収めた写真集。ブログの連載から冊子化された猫まんが。猫との暮らしをしたためたエッセイに、猫が活躍する絵本。そして、猫との別れに嗚咽必至の小説。猫のための改装事例満載の住まいの雑誌や、猫の病気について書かれた本、などなどなど……。

もともと本好きな性質(たち)な上、司書として働く中で本と出会う機会も多かったこともありますが、本屋さんでも、図書館でも、まず猫の本を探しては、好みの本が見つかると、手に取ってニンマリしカウンターへ直行!! そうして集まった猫に関する本は、漫画も含めて100冊近くあるでしょうか。

猫と過ごす時間の変化とともに、気になる本も手にする本も変わりましたが、よくもまぁ、これだけ集めたものよ……とあきれつつ、それでも、気に入った本を傍らに置き、かわいい猫らに癒される生活は、良いものだと感じています。

今回、「司書が紹介する猫の本を作らない？」との声掛けに、おもちゃを狙った猫のように素早く飛びつきました。自分の本棚からこれは！ と思う本をピックアップし紹介できることを嬉しく思う以上に、日本各地の図書館で働く司書の方々から紹介される本のジャンルの広さに驚かされました。本を扱うことを生業とし、求められる情報を提供する日々を重ねている司書ならではの選書眼の豊かさに感心し、もっともっとたくさんの本を読みたい！ と大いに刺激を受けました。

これから紹介する本の中で、心に響く1冊がありましたら、また、新たな生活を広げていくきっかけとなる1冊がありましたら、それこそが、司書の本望であり、そんな1冊を紹介できることを大変嬉しく思います。

遠藤恭代

【目　次】

コラム　猫カフェ

構　　成　遠藤　恭代

校閲・索引　門倉百合子

カバー・本文イラスト　八重樫貴子

猫カフェ

本のかたち

本の形態は様々ですが、ここではその違いを少しだけ紹介します。

「本」は「書籍」とも呼ばれ、単独で発行されるものを「単行本」、シリーズとして発行されるものを「叢書（そうしょ）」「全集」と呼んでいます。「新書」「文庫本」など大きさで区分する場合もあり、子ども向けの書籍「児童書」と共に、一般の書籍と本棚が分けられることが多いです。「電子書籍」は電子化された書籍データで、スマートフォンやタブレット型端末等で閲覧できます。既存の印刷物をデジタルデータに変換するだけでなく、音声や映像を追加するなど、その特性を生かした新しい読書の形を作り出しています。

また、同じ本でも複数の形で出版されることもあります。単行本が出た後に文庫本が出版され、その際に加筆修正されたり、映画化や文学賞の受賞など、発売時の状況に合わせて帯やカバーが変更される場合もあります。中には「単行本」「文庫本」「電子書籍」が同時に出版されることもあります。

書籍を作る際、より多くの人の手に取ってもらうために作者と出版社で考えた結果などから、本の形の違いが生まれます。この本ではできる限り多くの形を紹介していますが、どの本を手にするかも含めて、様々な本のかたちも楽しんでいただければ幸いです。（え）

第1章
猫をむかえる

1.1　猫との出会い

■幸せになりたければねこと暮らしなさい

◆樺木宏 著
◆自由国民社　2016 年　251p
◆ NDC：645.7

☆司書のおすすめひとこと
まずは目次を見て、気になる語句があったらその頁を開く！ あなたも猫飼いまっしぐら！

もとは犬派だった著者が、ねこ生活アドバイザーである妻みなこ（本書監修）の保護猫活動などの影響を受け、いつしか自己啓発ならぬ「ねこ啓発」本を書くまでに。「ねこ啓発」とは「ねこと暮らすことにより人の潜在的な能力が引き出され、精神面でも成長すること。またはその効果」とのこと。

第 1 章「なぜ、「ねこ」は健康にいいのか？」と第 2 章「ねこと暮らすと「自分らしさ」を取り戻せる」で、ねこエピソードを存分に浴びたら「No cat, no life!」（猫のいない人生なんて！）と叫び出したい気分に。さらに第 4 章「幸せをくれるねことの上手なつきあいかた」を読めば、もう完全に「猫飼いまっしぐら」になること間違いなし。

第 2 弾『仕事で悩んだらねこと働きなさい』(2018 年) の、ねこ社員登用を推奨 !? するビジネス書も併せて読めば、もう完璧な布陣です。(SK)

■退屈をあげる

◆坂本千明 著
◆青土社　2017 年
　1 冊（ページ付なし）
◆ NDC：911.56（詩歌）

☆司書のおすすめひとこと
猫ってこんなふうに考えてるんだ！猫を傍らに座らせて、そっと読んでみたくなります。

冬のつめたい雨の日、人と出会った白黒のハチワレ猫「あたし」。じゃれるように噛む甘噛みも知らないし、ネコジャラシも知らんぷりですが、家猫になってツンデレな態度をとりながらも、ちょっとずつ人との暮らしに慣れていきます。

本書は猫自身の話し言葉で語られる詩画集。著者のイラストレーター坂本千明が描く、単色使いの紙版画の猫は、ひとくせありそうな面構えで、その内容にぴったり寄りそっています。本の中では名前が出てきませんが、この猫は著者がかつて拾い上げた「楳（うめ）」のことなんだとか。

もともとは私家版だったものを書籍化したもので、巻末にエッセイ「幻の猫」も収録されています。あわせて読むと、著者が猫とどんな状況で出会ったのか、出会ってからの関わり方がわかります。読み終わった後で、もう一度タイトルをつぶやいてみて……（昌）

■猫を飼う前に読む本：猫専門医が教える

◆富田園子 編・著　関由香 写真
◆誠文堂新光社　2017年　143p
◆ NDC：645.7

☆司書のおすすめひとこと
表紙の子猫の写真の「キトン・ブルー」の瞳に見つめられたら、もうメロメロです！

ペットとの暮らしにずっと縁がなかったせいかもしれませんが、猫を専門とする獣医がいることや猫専門病院があることに、これまで全く気づいていませんでした。

しかし、生物の命を預かるという責務を全うするには、なんとも心強く、困った時には本当に頼りになり、当然ながら需要も多いことに納得です。その猫専門医として経験豊富な山本宗伸の監修で動物ライター富田園子執筆の本書は、「猫を迎える前に」「基本のお世話」「こんなときどうする？ 困ったあれこれ」「猫の健康を守る」の全4章構成で、いずれも大変わかりやすく解説されています。

猫を飼う予定がなくても、興味深く読み進めるうちに、猫についての知識が自然と身につきます。写真家である関由香のカラー写真が全編を通じて掲載されていて、猫の写真集としても存分に楽しめます。(SK)

■みんなの猫式生活：全国アンケート！ リアルな猫暮らし、覗いてみました

◆猫式生活編集部 編
◆誠文堂新光社　2014 年　111p
◆ NDC：645.7

☆司書のおすすめひとこと
飼育本には載ってない、となりの猫式生活の実態!!

「ウチの猫の飼い方って正しいの？！」猫式生活新人もベテランも覗いてみたいのは、隣の猫の暮らし！ これは、そんな欲求を叶えてくれる本です。

猫ごはん、猫おやつ、留守番の時の暑さ対策からけがや病気のときの対応まで、猫を飼うときに知っておきたい、いろいろなギモンにも答えてくれます。気軽に相談できるお友だちが増えたみたいです。プラス可愛い猫の写真も満載！ 見ているだけでも癒されます。元になったアンケートは、全国の猫の飼い主 371 名に様々な角度から実施したもので、その結果を円グラフでわかりやすく紹介しているから説得力抜群！ ウチが少数派か多数派かもわかっちゃいます。

監修の加藤由子は動物行動学を専攻した動物ライターで猫関係の著書も多く、この猫の本第 2 章で紹介している『オスねこは左利きメスねこは右利き』の著者でもあります。(砂)

■空前絶後の保護猫ライフ！：池崎の家編

◆サンシャイン池崎 著
◆宝島社　2019年　157p
◆NDC：645.7

☆司書のおすすめひとこと
保護猫のボランティア活動も行っているサンシャイン池崎の猫ライフをのぞいてみよう！

　お笑い芸人のサンシャイン池崎が、保護猫との生活を豊富な写真と共にコミカルに綴った本。「猫がどうしようもなく好きで、猫を飼うのが夢だった」という池崎は猫をペットショップで買わず、里親になるという選択をします。
　様々な事情で保護された猫を実際に迎え入れるまでのステップや保護猫団体の紹介コラムもあり、保護猫の里親になることを検討している人、保護猫活動に関心がある人の参考にもなります。ルビつきで小学生から読めます。芸風と同じく猫愛を真っ直ぐ表現する池崎ですが、猫の風ちゃん雷ちゃんを通じてファンが増えるなど思わぬ福がやってきたそうです。飼猫を「尊敬してやまない最強の家族」と語るフラットな目線と飾らない人柄も人気の秘密かもしれません。そんな招き猫たちとの楽しく幸せな日常に触れ、ほっこりできる1冊です。(磯)

■まんがで読むはじめての保護猫（いちばん役立つペットシリーズ）

◆猫びより編集部 編
◆日東書院本社　2020年　127p
◆NDC：645.7

☆司書のおすすめひとこと
様々な事情で保護された猫と出会い、暮らして…知り合う過程は同じ、生き物同士。

保護猫を迎えることは命を迎えること。だから、知っておいてほしいという思いが伝わってくる本です。「保護猫ってどんな猫？」「保護猫を迎える」「保護猫と家族になる」……この３つの章立てで、飼い主が感じやすい気持ちや戸惑う出来事などを描いたストーリーマンガを主軸に、問題解決につなげるための専門家によるコラムと、経験者による情報提供がされています。

監修は獣医師の古山範子、医療指導は動物病院長の西村知美、ケア指導は動物愛護推進員の武原淑子、構成・文・まんが原作は粟田佳織、イラストは小野崎理香、マンガはななおん。この本のスタッフ全員が保護猫と暮らし、そのエピソードも収録されています。

本作の登場人物・鈴木と、猫・もすけを描く『まんがで読むはじめての猫のターミナルケア・看取り』も2019年に出版されています（第６章参照）。（ゆ）

■野良猫の拾い方

◆東京キャットガーディアン 監修
◆大泉書店　2018 年　176p
◆ NDC：645.7

☆司書のおすすめひとこと
気になる野良猫に出会ったら、猫の里親になることを考えたら、ぜひこの本を！

監修の東京キャットガーディアンは、猫の里親探しや保護猫の開放型シェルター（保護猫カフェ）、猫と過ごせる住居の不動産業、などの活動を行う東京都の保護猫団体で、2002 年に個人事業として始め、2010 年に NPO 法人化。

本書は保護した猫と幸せに暮らすための知識を教えてくれます。保護する前には「この子は迷子の飼い猫では？」と調べます。保護したら病気を調べるために動物病院へ。家に迎えてからも馴染めない猫の場合は、あまり見つめすぎないで。最初のタッチは指 1 本や美味しいものを載せた孫の手がおすすめ！ など。

この団体の豊富な経験に裏打ちされたアドバイスは、保護猫と暮らす人の力になります。東京キャットガーディアンの目標は「外に猫がいなくなること」。野良猫を減らすため、猫の室内飼いや、去勢・不妊手術の重要性にも触れています。（は）

■命とられるわけじゃない

◆村山由佳 著
◆ホーム社、集英社（発売）
2021 年　232p
◆ NDC：914.6

☆司書のおすすめひとこと
猫と人の数だけ、出会いの物語があって…　別れが出会いを連れてくることもあります。

父が急逝した次の春、約 18 年間常に一緒に過ごしてきた最愛の猫を亡くした作者は、心に大きな穴を抱えたまま、翌年母を看取ります。そして母のお葬式の最中、愛猫を見送ってからきっかり 1 年後に、思いもよらず新たな猫との出会いが転がり込みます。偶然という言葉だけでは足りず、「何か途轍もなく不思議な力が働く場合がある」ことに思いを馳せ、出会えた幸せを噛みしめます。

〈生き物を飼う〉ことは契約。一生守り幸せにすることを誓い、息を引き取る時はそばにいるから私のところに来てほしいと、中途解約できない約束をすること。猫に愛を注ぎ込みながら、最期まで愛しぬく決意をもって向き合う作者の姿に、出会いの不思議さを思い猫と暮らす喜びに共鳴します。

出会いは偶然でなく必然。人だけでなく、猫との出会いにもそう感じる時があります。（え）

猫カフェ

神保町にゃんこ堂

東京神田神保町の「猫本専門　神保町にゃんこ堂」は一見普通の本屋さん。しかし店内は、本、写真、グッズと猫一色！約2000冊の本は手に取りやすく、大型書店で見かけない本がそこここに。店主の「ごゆっくり」の声かけもあって、長居せずにはいられません。

本の売れ行きに悩んでいた店主と娘のアネカワユウコさんが、店の一部を猫本専門店にしたのは2013年。当時、出版点数が多いのに書店に並ぶ種類が少なかった猫本に注目しました。猫本を任されたユウコさんは、図書館の蔵書検索も活用して本を選定。猫本の美しさを活かすため、ディスプレイはすべて表紙を見せて。開店は猫ブーム到来と重なり、メディアの取材や、猫好きの方が集まりました。出版社や作家の来店も多く、今では店内すべてが猫本専門店となっています。

地元千代田区の保護猫ボランティアチーム「にゃんとなる会」の展示を店内で行ったことがあります。奥州市立胆沢図書館が開いた「猫ノ図書館」にはアドバイスを依頼されました。猫というキーワードで多くの繋がりができました。詳細は、アネカワユウコ著『猫本専門神保町にゃんこ堂のニャンダフルな猫の本100選』（宝島社　2015）を！（2021年3月5日取材）（は）

http://nyankodo.jp/
https://twitter.com/NKosaido

第2章
猫を識る

■猫　（河出文庫）

◆石田孫太郎 著
◆河出書房新社　2016 年　241p
◆ NDC：645.7

☆司書のおすすめひとこと
猫党明治男子の猫研究。猫の生活、智情意、美談、伝説、猫俳句まで守備範囲が広い！

明治期に書かれた画期的な猫研究書の文庫版です。初版が出た明治 43 年は、政府がペスト対策として猫の飼育を奨め始めた時期。猫は、鼠ハンターとして期待されていました。

養蚕研究者で「猫党」でもある著者石田孫太郎（1874-1936）は、猫の評価が低いのを残念に思い、自ら猫を飼って研究に乗り出します。「極めて狭き範囲において観察したものと言わざるをえない」と書いているとおり、愛猫の平太郎、彦次郎、駒を使った研究はデータ少なめ。しかし、それだけにそれぞれの猫が細かく観察されています。明治時代らしい硬い文章の中に、猫が好きで仕方ない気持ちが溢れています。

「猫が騒ぐ日は天気が変わる」「頭のついた魚をもらった猫は嬉しそう」などの研究結果も。現代の研究ではどうなのでしょう？ 求光閣刊の初版本は NDL デジタルコレクションで読むことができます。（は）

■ねこはすごい（朝日新書）

◆山根明弘 著
◆朝日新聞出版　2016 年　218p
◆ NDC：489.53；645.7

☆司書のおすすめひとこと
時速 50㎞で走り、聴力は人間の 5 倍、嗅覚は人間の 10 万倍。正にスーパーキャットです！

著者は動物生態学や集団遺伝学が専門の動物学者で理学博士です。福岡県の相島で 7 年間にわたるフィールドワークにより猫の生態を研究しています。

第 1 章〈ねこはつよい〉と第 2 章〈ねこの「感覚力」〉では、一見「かわいい」だけの気ままでお気楽な存在と思われがちなねこの、本来持つ「つよさ」の魅力が語られ、第 3 章〈ねこの「治癒力」〉では、近年注目のアニマルセラピーが紹介されています。第 4 章〈Cool Japan! 日本の「ねこ文化」〉では、世界有数の「ねこ好き国民」による日本独特のねこブームのルーツを探り、第 5 章〈人とねことの共存社会に向けて〉では、ねこの殺処分問題にも触れられています。

巻末に豊富な参考・引用文献リストがあり、学術的な裏付けを持ちつつも新書サイズで気軽に手に取りやすく、気になるトピックからカジュアルに読めます。(SK)

■猫の歴史と奇話

◆平岩米吉 著
◆築地書館　1992 年　246p
◆ NDC：489；645.6

☆司書のおすすめひとこと
昭和後期に世間を驚かせたすごい猫が続々登場！硬い本なのに、何度も笑顔になりました。

平岩米吉（1898-1986）は、動物学を独学で学んだ研究者です。犬や狼の研究が有名ですが、猫の品評会の審査員も務め、猫との縁は深かったようです。犬と猫両方を研究することで、理解が深まると考えていました。

古代から現代まで、世界中の猫の歴史と生態を網羅した本書。長寿、多産、高所からの飛び下り、遠くからの帰宅など、記録を持つ猫が紹介される「猫の奇話」の章は、ギネスブックのような楽しさ。著者の調べでは、日本一の長生き記録は 36 歳。長生き猫は、20 歳近くまでお産をしたり、犬に立ち向かう強気な猫が多いそう。36 歳ヨモ子の写真はなるほどの貫禄です。研究者の本らしく、猫の研究史や、「貝を食べると耳が落ちる」「マタタビで興奮する」などの研究がわかりやすく、参考資料を示して論理的に説明されています。1985 年動物文学会刊の新装版。(は)

■猫になった山猫〔改訂版〕

◆平岩由伎子 著
◆築地書館　2009 年　256p
◆ NDC：645

☆**司書のおすすめひとこと**
猫の祖先である山猫の生まれた風土と暮らし、いかに家畜化したのか、その過程を辿る！

犬科猫科の在野研究者だった平岩米吉（1898-1986）の長女として、生物に囲まれて育った著者は、父の研究助手を務めていました。父の没後はその遺志を継いで、洋猫との交配で絶滅に瀕していた日本猫の保存活動に取り組み、次第に猫にのめりこんでいきました。

本書の前書きで「私がみたありのままの猫たちの生活の断片」を書きたかったとあるように、前篇「猫の歴史と日本猫の保存運動」では、猫の祖先である山猫が、どのような生活環境の中で進化し、また家畜化したのかについての歴史をたどります。

また後篇「私の見た猫たちの生活」は、猫の生殖や妊娠、出産、子猫の発育、縄張りなど、観察記録のように端的な文章で記述しています。客観的な内容ながら、決して研究対象として観ているだけではない、猫への深い愛情を感じます。(SK)

■猫的感覚：動物行動学が教えるネコの心理

◆ジョン・ブラッドショー 著
羽田詩津子 訳
◆早川書房　2014年　353p
◆NDC：645.7

☆司書のおすすめひとこと
第8章「室内飼いのネコを幸せにしておくために」は、これから猫を飼う人にお勧めです。

猫は愛情深い生物です。しかし決して懐かない猫もいます。これは飼い主の問題でなく、生後3週目から人間に触れられて育った猫は、それより遅く人間に触れられた猫よりも明らかに人間に対する親密さが違うとのことです。また、兄弟姉妹ではない猫を複数で一緒に飼う場合は、気を付けないと病気を発症するほどのストレスを感じてしまう場合があるそうです。猫はヤマネコからイエネコに進化してきましたが、イエネコの研究はまだこれからという段階で、将来は今よりも人の暮らしに適応できる猫が登場するかもしれません。

英国の動物行動学者執筆の全11章から成る本書には、このように猫の歴史、身体の機能、飼い方、社会との関わりなどがまとめられ、猫を飼うときに役立つことが科学的な実験結果や考察を用いて書かれています。2017年若干の改訳で文庫化。(律)

■家のネコと野生のネコ

◆澤井聖一 本文・写真解説
　近藤雄生 野生のネコ本文
◆エクスナレッジ　2019 年　208p
◆ NDC：489.5

☆司書のおすすめひとこと
世界各地の野生猫が大集合！ 大きいサイズで大迫力のカラー写真で堪能できます。

冒頭の「家と野生のネコつながり」で、ペルシャ猫、ベンガル猫、オセロットなど様々なトピックが紹介された後、ヨーロッパ、北米、アジア、アフリカ・中東、南米と、地域ごとに世界中の野生ネコとイエネコの写真が勢ぞろい！ ほぼ正面から顔をとらえた写真が多いのも魅力的です。中には原寸大以上？ の大きさの写真もあり、今にも動き出しそうな迫力に圧倒されます。その視線の先に何を見ているのか等、気になるネコに出会えたら、巻末の参考文献のリストと索引が、さらにディープなネコ沼への道しるべとなるでしょう。

本のサイズ（判型）としては大きい部類の A4 判、縦が 30cm 近くあります。全編カラー写真の構成に、生物学術誌の編集経験がありエクスナレッジの社長でもある澤井と、理系ライターの近藤による充実の内容は、見ごたえありです。(SK)

■三毛猫の遺伝学

◆ローラ・グールド 著
　古川奈々子 訳
◆翔泳社　1997 年　304、5p
◆ NDC：489.53

☆司書のおすすめひとこと
三毛猫の遺伝子からはじまった疑問を、エッセイ感覚で、基礎知識なくても探れます。

カリフォルニア大学で言語学を専攻し様々な分野で活躍する著者が、たまたま巡り合った三毛猫は、雄。雄の三毛猫は本来生まれてこないはずなのに、何故？ と疑問を抱いた所から、この話は始まります。

遺伝学は門外漢の著者が、感じた疑問に色々な文献をあたり読み解いて、専門知識のない人にも噛み砕いて伝えてくれます。教科書で習ったメンデルやダーウィンも出てきます。猫の遺伝に関する歴史や研究から、鳥の染色体、飼っている猫の話まで、話題は豊富。人間の染色体の話では、最近やっと認知されてきた性同一性障害なども理解が深まるのではないでしょうか。

専門用語が飛び交う中に、２匹の猫との暮らしぶりが難しい解説のアクセントになっていて、遺伝学がわからなくても愉しめる本です。巻末に年譜と索引付。獣医学の研究者七戸和博他監修。(高)

■猫のなるほど不思議学：知られざる生態の謎に迫る（ブルーバックス）

◆岩崎るりは 著
◆講談社　2006年　302p
◆NDC：489.53；645.7

☆**司書のおすすめひとこと**
動物の蕃殖（はんしょく）を行うブリーダーの仕事に長年関わった著者の願いとは。

長年チンチラのブリーダーとして猫に真剣に向き合ってきた著者が、経験から得たさまざまな知識を多数の文献に基づき科学的に検証、集大成した1冊です。

猫が人間を飼い馴らしてきた？／猫じゃらしにじゃれる時になぜ頭を振る？／猫の発情を引き起こすものは？／毛色で猫の気質がわかる？／三毛猫のほとんどがメスなのはなぜ？／猫まんまは猫にいいの？ など、テーマは盛りだくさん。著者が描いた、血統書付の猫や新種の猫のイラスト22点も見応えがあります。

また、行き過ぎた品種改良、無計画な大量蕃殖を懸念し、「気立てのよい、近親蕃殖にたよらない、誰にでも愛される猫を誕生させる」ためにあらゆる努力を尽くしたという著者のブリーダーとしての矜持に感銘を受けました。「世界じゅうの猫が幸せになりますように」という願いが込められた本です。（た）

■ねこ柄まにあ

◆南幅俊輔 著
◆洋泉社　2015年　143p
◆ NDC：645.7

☆司書のおすすめひとこと
観察する。写真を撮る。そしてその先を極めるとここに行き着くのか？と感服。

「ねこ柄」と聞いて、あなたは何模様、何色、何種類を思い浮かべますか？ この本では、著者が全国各地を旅して撮り集めたソトネコ（野良猫や迷子猫、放し飼いネコなど外で見かける猫の総称）3,600匹の写真を分類、「基本の猫柄」を10種類と分析。白、黒、キジトラなど各柄を、全身写真と毛色のアップ入りで解説。数の多さランキングに加え、イラストの描き方まで付いていて手厚いのひと言。

続いて「パーツ別柄」ではシマ柄猫特有の額のM字マークや、口元、くつ下（足）などの部分柄を、「柄の法則」では洋猫系など基本以外の少数派の猫柄を紹介しています。

本文の間は各地の猫たちのカラー写真で埋め尽くされていて、巻末には日本一の猫島といわれる宮城県の島の猫生態レポート「猫柄参り田代島」を収録。雑学本としても写真集としても楽しめる1冊。(阪)

■ネコもよう図鑑：色や柄がちがうのはニャンで？

◆浅羽宏 著
◆化学同人　2019 年　111p
◆ NDC：489.5

☆司書のおすすめひとこと
日本のネコの模様は遺伝の仕組みに基づいて 11 通りのパターンに分類されます。

高校で生物を教えていた著者が、遺伝の授業で猫の毛色と模様について生徒に課題を出し、いろいろな質問を受けたことから考察や推論を深めた結果生み出された本です。シマやブチなど猫の模様について、本書第 1 部では毛色と模様が決まるしくみを述べ、第 2 部では様々な模様の猫を写真で紹介。第 3 部では猫と遺伝の基礎知識をまとめ、付録に遺伝子当てクイズを載せています。

この本を読むとなぜ白猫同士の子どもにブチが生まれるのか、などという謎が解けるようになります。足の裏にある肉球の色まで遺伝子が影響しているなんてビックリ！ 読んでいるうちにあなたもきっと猫の遺伝子を推定したくなることでしょう。

図鑑というだけあって、表紙だけでなく本文にも猫の写真が 95 枚も掲載され、猫は飼っていないけど猫が好き！な人も楽しめます。(律)

■猫にGPSをつけてみた：夜の森半径二キロの大冒険

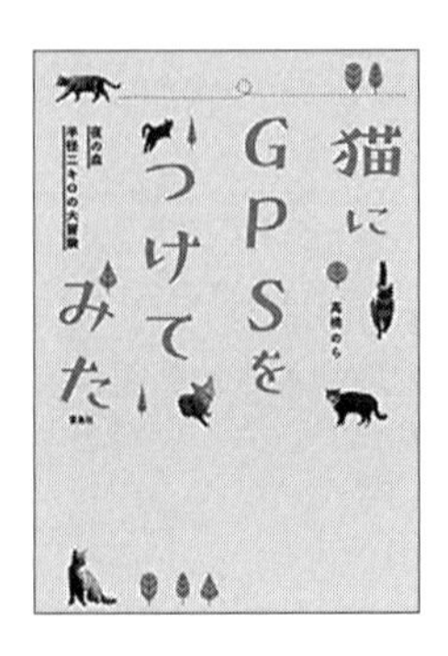

◆高橋のら 著
◆雷鳥社　2018年　159
◆NDC：645.7

☆司書のおすすめひとこと
たのもしい猫たちの散歩と冒険の日々。猫はいつも寝てばかりではありません。

大分県の国東半島、人里まで2キロの小さな山の中に引っ越した著者。緑豊かな里山での暮らしを変えたのは、庭先にやってきた警戒心ばかりの野良猫たちとの出会いです。

猫6匹と暮らすことになり、朝はラッパの合図で一緒に散歩、猫は猫のペースで歩きます。里山とはいえ猫を外出自由として飼う時、迷子になったり事故に遭うリスクがありました。ある日、散歩から二日半帰らない1匹がいました。心配もあり、また自然の中で猫がどんな行動をしているのか知りたくなり、GPSをつけてみました。自由に暮らす猫の多くの写真も紹介。

知っているつもりでまだ知らないことばかりの猫。まえがきの「何十年も飼ってきた『猫』への認識を鮮やかに塗り替えた」という言葉にはきっと同感します。猫はたくましく自由に生きる存在、いつも健やかであれと願いをこめて。（も）

■オスねこは左利きメスねこは右利き：猫のヘンなしぐさやナゾの行動の意味がわかる！

◆加藤由子 著
◆ナツメ社　2020 年　224p
◆ NDC：645

☆**司書のおすすめひとこと**
ネコの可愛い仕草に、あなたはダマされている⁉ そのエビデンスに迫る！

猫好きな人も、そうでない人にも、わかりやすく興味深い本です。書名は猫の「利き手」に関する学術調査研究から。

利き手には性差があり、さらに観察することで猫の心理状態が理解できるようになり、将来的には猫のストレス対処への応用が期待されています。放し飼いが普通だった猫が室内で飼われるようになり人間との距離が近くなって、その生態の多くが謎だったため研究対象とされることが増えたとか。昨今の猫人気の高まりとともに、猫の不可思議なしぐさや行動の理由が、様々な研究から明らかになってきているそうです。

著者は動物行動学を専攻した動物ライター。猫関連の著書も多く、書名やカバーから思わず手に取ってしまう本ばかりです。『雨の日のネコはとことん眠い』（PHP 研究所　1990 年）の平出衛のイラストの猫も秀逸です！（SK）

■猫と東大。：猫を愛し、猫に学ぶ

◆東京大学広報室 編
◆ミネルヴァ書房　2020年　164、2p
◆ NDC：645.7

☆司書のおすすめひとこと
東大の先生の研究成果と猫成分が、絶妙な比率でブレンドされています。

東京大学では獣医学、文学、歴史学、社会学、考古学などの分野で猫に関係する研究が行われています。本書では17人の研究成果が、愛猫の写真やエピソードと一緒に紹介されています。「猫好き４教授座談会」やキャンパス内で愛される野生猫など学内の猫の話題も。最先端の研究の話は猫のおかげですっかりやわらかくなり、東大の先生の人物と研究の面白さが伝わってきます。

元々は東大広報誌『淡青』2018年９月号の特集でした。当時の広報室長の「こんなゆる〜い企画、どう受け止められるのか」との心配をよそに、在庫はなくなり、SNSでも話題に。猫の寿命を２倍に延ばす遺伝子の研究には、「治験に参加したい」と多くの反響が。そこでバージョンアップしてこの本になりました。巻末の事項索引には、「新聞の上に乗る」「見返りのない愛」など気になる項目が並びます。（は）

■魅惑の黒猫：知られざる歴史とエピソード

◆ナタリー・セメニーク 著
柴田里芽 訳
◆グラフィック社　2015年　156p
◆NDC：645

☆司書のおすすめひとこと
黒猫は神か悪魔か？歴史や伝説の中で、猫たちの辿った運命を綴ったビジュアルブック。

古代エジプトでは女神と神聖化された猫。ネズミや蛇から人を守る猫はやがて家畜化される一方で、中世のヨーロッパでは不吉のシンボルとして悪魔呼ばわりされていきます。なかでも黒猫は、その色ゆえに、魔女狩りと共に受難の時代を迎えます。もし猫の大量虐殺がなければ、中世ヨーロッパに蔓延したペストの抑制に猫が貢献したかもしれません。そんな黒猫が、どうやって汚名返上していったのでしょう。

動物関連の著作も多いジャーナリストである著者が、古代から現代まで、世界中の歴史エピソード、文学の中に登場する猫、作家の名言、セレブの猫、さらには日本の招き猫も紹介します。中でも、エドガー・アラン・ポーの短編小説「黒猫」の記述には、思わず引き込まれていくことでしょう。写真と絵と文で綴られた黒猫の歴史に一喜一憂する1冊です。(高)

■猫の世界史

◆キャサリン・M・ロジャーズ 著
　渡辺智 訳
◆エクスナレッジ　2018年
　229p、図版16p
◆NDC：645.7

☆司書のおすすめひとこと
ジェットコースターのようにアップダウンした猫の評判。変わったのは勿論人間！

普段はくつろいでいるけれど、野性を忘れない二面性が魅力の猫。そんな猫だからでしょうか、その扱いは時代と地域によって実に様々です。

本書の著者は18-19世紀の英文学を研究する米国の大学名誉教授。この本は世界各国の絵画や文献、文学作品などを取り上げつつ、猫と人間の関わりを解説しています。古代エジプトでは大切にされた猫ですが、中世ヨーロッパでは、悪魔と結びつくとして虐待の対象に。17世紀からペットとして認知されはじめたものの、作品の中では、かわいらしさだけが強調されたり、男性の側から女性の不道徳や冷淡さを比喩するものとして描かれたこともありました。

現在では人間と平等の仲間として、猫本来の魅力が描かれるようになりました。『吾輩は猫である』や、猫が登場する村上春樹『ねじまき鳥クロニクル』の話題も出てきます。(は)

■世界の猫の民話

◆日本民話の会、外国民話研究会 編訳
◆三弥井書店　2010 年　231、7p
◆ NDC：388.0

☆司書のおすすめひとこと
日本の民話や俗信からイメージする「猫」とは違う、新「猫」を再発見し再構築できます。

世界に伝わる神話や伝承、昔話などから、猫、ライオン、虎、ピューマにまつわる話をまとめた民話集です。構成は「最初の猫－由来の話」「あの猫は私だった－魔女と猫」「若者と虎の精－こわい虎と猫」「ソロモン王の魔法の指輪－人を助ける虎と猫」「ロンドン万歳－魔的な猫」「ネズミの喜び－動物たちのつきあい」「腹ペコならなんでもおいしい－猫さまざま」の 7 章です。

パラパラめくって気になった国や猫の話を楽しんだり、同じテーマでも国により猫のイメージが異なっていたり、また、違う国や地域なのに類似の話があったり、読み比べると驚きの発見があります。農業の発達とともに家畜として人間の生活に長く関わってきた猫は、愛すべき魅力を備えつつも、実にミステリアスな存在だったこともわかります。2017 年に筑摩書房から文庫化。(SK)

■猫づくし日本史

◆武光誠 著
◆河出書房新社 2017年 111p
◆NDC：210.1；645.7

☆司書のおすすめひとこと
図書館によって書架が「日本史」(210.1) か、「ペット」(645.7) か、判断が分かれるのも面白い。

およそ3500年前、エジプトの農民がリビアヤマネコという野生ネコを飼いならしたのが始まりだという、イエネコ。日本には、奈良時代遣唐使船に乗ってやってきたそうです。

この本では、日本にやってきて寺院の鼠よけとして飼われていた猫が、やがて貴族にペットとして愛玩されるようになり、庶民にも飼われ身近な存在になっていく様子を、古代から現代へ時代を追って歴史学者が紹介。同時に、時代によって変わった人間との関係、文学や絵画での描かれ方、著名人との逸話、各地に残る養蚕の神としての信仰、など40余りのエピソードを、見開き２ページにイラストや図版入りでまとめています。

古辞書や浮世絵を紹介する「猫ギャラリー」、猫信仰を訪ねたい人向け「猫寺社マップ」など特集ページもあり、コンパクトだけれど知識のつまった楽しい１冊です。(阪)

■猫の伝説 116 話：家を出ていった猫は、なぜ、二度と帰ってこないのだろうか？

◆谷真介 著
◆梟社、新泉社（発売）
　2013 年　344p
◆ NDC：388.1；645.7

☆**司書のおすすめひとこと**
出て行った猫を探して見つけた猫の国。かわいい国ではありません。

日本全国 47 都道府県から採集した 116 点の猫伝説が、内容によって 26 ジャンルに分類されて紹介されています。一つの伝説は数行から数ページです。

児童文学者でもある著者が興味を持ったのは、どの伝説でも「飼い主のもとから去った猫が二度と帰ってこない」こと。どこへ行くのでしょうか？ 山口県の伝説にヒントがありそうです。愛猫を探して九州の山を訪ねた娘が、老婆の姿になった猫と再会しますが、猫は「ここは年老いた猫が集まるところで、猫にとっての出世なのだから悲しむことはない。人間には危ないところだから」と娘を逃がします。このような猫の国に関する伝説は、阿蘇や佐渡などにも残ります。

著者が集めた文献や記事から作られた巻末の「猫をめぐる略年表」は、8 世紀から現代に至る、猫と人間の関わりを映し出していて必見です。（は）

■猫の古典文学誌：鈴の音が聞こえる（講談社学術文庫）

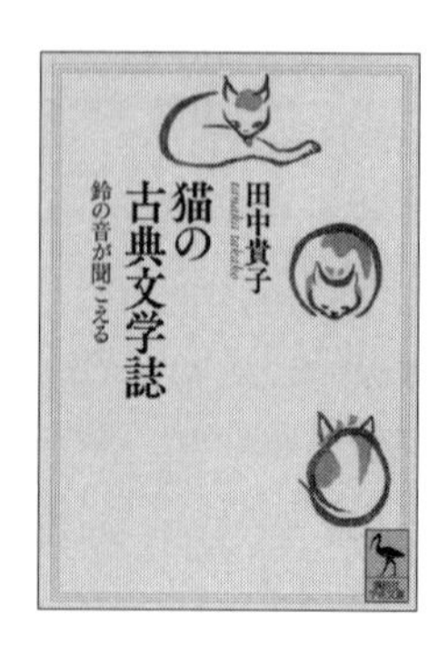

◆田中貴子 著
◆講談社　2014年　220p
◆NDC：910.2

☆司書のおすすめひとこと
歴史の中で猫がどのように存在し認識されていたかを、文学誌から探る手掛かりが満載。

日本に残る数々の文学の中で「猫」がどのように描かれていたのかを、平安から江戸時代までの古典文学から読み解き、その姿や扱われ方を紹介しています。

猫が貴族の富の象徴であったり、禅寺の鼠ハンターとして重宝されたり、化け猫として畏れられたり、はたまた猫神として奉られたり……。文学の中に息づく猫の姿は実に様々です。その多面性に驚きつつ、猫が人の傍らで暮らしてきた時間の長さと存在の大きさに気づかされます。いつの時代も猫を愛でる人々の視線が、かくも多くの文学にその姿を記してきたのではないでしょうか。

エピローグにある「一匹の猫の命は、人よりはるかに短いけれど、人が愛した猫の魂は永遠に生きるのだ」の一節が胸に響きます。2001年に淡交社から刊行され、この文庫版には夏目漱石と猫の関係に対する所感が付録にあります。（え）

■源氏物語５　梅枝 - 若菜下 (岩波文庫)

◆［紫式部 著］ 柳井茂 他校注
◆岩波書店　2019 年　653p
◆ NDC：913.36（小説）

☆司書のおすすめひとこと
日本最古の長編小説、その主人公の晩年を狂わせたのは一匹の子猫 !?
現代語訳も豊富！

紫式部による五十四帖からなる長編小説。その巧みな筆致により長く読み継がれてきた物語の中で、「若菜」の巻に描かれた一匹の子猫の他愛のない行動が、光源氏の晩年を大きく狂わすきっかけとなったのをご存知でしょうか。それは光源氏の正妻・女三宮と、彼女に懸想（けそう）する柏木中将の人生をも狂わせ、物語を終焉に導きます。源氏物語って、結構サスペンス !?

源氏物語には平安時代の暮らしや恋の駆け引き、政治的策略など、さまざまな人間模様が描かれています。人々の心の機微はいつの時代も変わりません。その原文に当たるもよし。谷崎潤一郎や瀬戸内寂聴、角田光代など多くの作家の現代語訳を読むもよし。大和和紀の漫画『あさきゆめみし』を入門書とするのもよし！ それぞれの物語の中で、猫の姿がどのように描かれているか、読み比べるのもお勧めです。（え）

■猫神さま日和

◆八岩まどか 著
◆青弓社　2018 年　155p
◆ NDC：387.021

☆司書のおすすめひとこと
祀られた姿も個性豊かでユニークな全国の猫神さまに会いに行こう！

人の暮らしの傍に居る猫。どうして猫は神様になったのでしょう？ 昔、養蚕農家では大事な蚕や繭を食い荒らすネズミは大敵でした。ネズミを捕る猫は感謝され大切に飼われていました。思いは社を建て、猫を守り神として祀る事となりました。養蚕が時代の流れで縮小した後も信仰の形は地域に残っています。

愛らしい猫も居れば、祟りを恐れ神様として祀られた化け猫や妖怪の猫又も居ます。恩返しをする猫、和泉式部の可愛がった猫が見つけた温泉など、猫神さまもバラエティ豊かです。

著者は招き猫で有名なお寺から、地元の人から忘れられた神社まで、時には何度も足を運び写真を撮っています。その数、岩手から沖縄まで 36 か所。不便な場所もありますが、足で稼いだガイドブックです。離れた土地なのに、今に伝わる由来は似た内容があるのが不思議です。全国各地 53 か所を紹介した『猫神様の散歩道』(2005 年) もあります。(墨)

■猫の怪　（江戸怪談を読む）

◆横山泰子 他著
◆白澤社　2017 年　220p
◆ NDC：388.1

☆司書のおすすめひとこと
愛らしいけど怖ろしい。猫の魅力を古文、民俗学で学べる 1 冊。

白澤社の「江戸怪談を読む」シリーズから、江戸文化、怪談の専門家 8 名による丸ごと猫尽くしな 1 冊です。

化け猫物語と言えば、鍋島の化け猫騒動が有名です。肥前佐賀藩、鍋島家を巡る史実に、化け猫を絡めた怪談話は、芝居、講談、映画へと媒体を変えながら語り継がれていきます。

本書では原型と考えられる話「肥前佐賀二尾実記」より猫騒動が書かれている後半の巻二十四から三十と、命を落としても飼い主を救う猫の忠心の話「三浦遊女薄雲が伝」の 2 作を原文、現代語訳で掲載しています。原文は下部に注釈が入っており、また巻ごとに入れ子に配していることで読み比べしやすいです。

その他、猫檀家、喋って踊る猫の噂、韓国の猫に対するネガティブな民間伝承、芸能史における化け猫など、霊力を持った存在としての猫をコラムで紹介しています。（墨）

■十二支のはじまり（てのひらむかしばなし）

◆長谷川摂子 文　山口マオ 絵
◆岩波書店　2004 年
　1 冊（ページ付なし）
◆ NDC：726.2　(児童書)

☆司書のおすすめひとこと
猫はどうして十二支に入ってないの？どうしてネズミを追いかけるの？なぜの疑問を解く。

児童文学者である長谷川摂子の「てのひらむかしばなし」シリーズの中の 1 冊。十二支（子・丑・寅・卯・辰・巳・午・未・申・酉・戌・亥）の中に、人の身近な動物である犬はいるのに、どうして猫がいないのかと思ったことはありませんか？

そんな疑問を解いてくれ、同時に、猫が顔を洗い、ネズミを追いかける理由も教えてくれます。同じ書名の本は他にもあります。中でも、荒井良二絵・やまちかずひろ文（小学館 2006 年）は、絵のタッチはもちろん違うし、なにより登場する猫やネズミへの語りや眼差しが全く違うのです。色々な同じ書名の本を、読み比べてみるのも面白いかも。

本来の十二支は、12 で一回りする数え方のことです。谷山彩子作『十二支えほん』（あすなろ書房　2020 年）は、絵本と侮るなかれ、十二支の由来や意味が楽しく学べます。(高)

■和猫のあしあと：東京の猫伝説をたどる

◆岩﨑永治　著
◆緑書房　2020 年　197p
◆ NDC：645.7

☆**司書のおすすめひとこと**
伝説の猫もいろいろ。恩返しする猫、踊る猫……あなたはどの猫に会いに行く？

獣医学の博士号を持ち、ペットフードの開発に関わる著者は、大の猫好きでもあります。全国の猫伝説を記録に残したいと「和猫研究所」を立ち上げ、ツイッターで発信を行ってきました。

猫伝説の多さに驚かされます。恩返しをする猫。漱石の猫や三味線屋の猫。手ぬぐいかぶって踊る猫や、お粥が熱くて会合に遅刻した猫もいます。青梅では町が猫まみれになっているらしい……人間にとって猫は理解しにくい生き物でした。食べるものも違えば、人間や犬のように仲間と行動することも少ないのです。それでも「猫を理解したい」という想いが多くの伝説を生んだ、とも書かれています。

ガイドブックでありながら、参考文献がたくさん挙げられているのが、この本のいいところ。猫伝説の地を巡り、もっと知りたくなったら、参考文献探しに近所の図書館へどうぞ！（は）

お目当ての本を図書館で探すには
～ NDC（日本十進分類法）について～

この本を手にされて、お目当ての本を図書館で探すときに役立つのが日本十進分類法（NDC）です。NDC とは、日本の図書館で多く採用されている図書の分類法で、全ての本を内容によって１類から９類までに分類し、どれにも当てはまらないものを０類（総記）として全部で 10 のグループに分け、さらにそれぞれのグループを 10 に分けて、細分化しています。

たとえば、猫の病気について知りたいと思ったら、以下のように細分化していきます。

第１次区分（類目）

0	総記
1	哲学・宗教
2	歴史・地理
3	社会科学
4	自然科学
5	技術・工学
6	産業
7	芸術
8	言語
9	文学

第２次区分（綱目）

60	産業
61	農業
62	園芸・造園
63	蚕糸業
64	畜産業・獣医学
65	林業・狩猟
66	水産業
67	商業
68	運輸・交通・観光事業
69	通信事業

図書館の書棚を探しやすくするために、本の背表紙には請求ラベルが貼られています。

一般的には３段ラベルが利用されています。

１段目：NDC

２段目：著者記号（基本は著者の頭文字）

３段目：巻冊記号（全集やシリーズなどに使用）

猫カフェ

例えば、『猫の世界史』の本は、NDC：645.7 なので、畜産業・獣医学の猫の書棚にあり、同じ書棚にある似たような本も手に取って見ることができます。猫に関わる小説は、NDC:913.6 の棚。「猫の本」と一口に言っても、置かれている場所は違います。

さらに、図書館によって本棚の構成も違います。例えば、2017 年に河出書房新社出版の武光誠著『猫づくし日本史』の本は、NDC：210.1（日本史）の棚に置く図書館もあれば、NDC：645.7（ペットの猫）の棚に置く図書館もあります。若干の違いがあるのは、それもまた図書館の棚へのこだわりです。もちろん今は、NDC だけに頼らずに、テーマごとにまとめて展示したり、最近の図書館の棚は司書の方々の努力で色んな工夫がなされています。

第 3 次区分（要目）

640	畜産業
641	畜産経済・行政・経営
642	畜産史・事情
643	家畜の繁殖・家畜飼料
644	家畜の管理・畜舎・用具
645	家畜・畜産動物・愛玩動物
646	家禽
（647 みつばち・昆虫→ 646）	
648	畜産製造・畜産物
649	獣医学

細目

645.7	猫
645.72	猫の繁殖・飼育
645.73	猫の食餌・給餌法
645.76	猫の病気と手当

（NDC 第 9 版による）

紹介されてる本が読みたくなったら、書店へ走るのも良し、近くの図書館で書名や NDC を頼りに探してみてはいかがでしょう。

書棚の本は、基本、左から右に、上から下へと並んでいて、請求記号の小さいものから大きいものの順に並んでいます。これも知っていると便利な図書館の豆知識です。（高）（え）

■猫語の教科書

◆ポール・ギャリコ 著　灰島かり 訳
　スザンヌ・サース 写真
◆筑摩書房　1995年　157p
◆NDC：645.6；934（小説）

☆司書のおすすめひとこと
いかに人間を手玉に取ってこの世を生き抜くか。猫による猫のための生き方マニュアル。

アメリカの愛猫作家ポール・ギャリコ（1897–1976）は、飼い猫がタイプライターで遊ぶ姿をみて密かに原稿を仕上げてもらうという夢を抱いていましたが、叶うことはありませんでした。しかしある日、友人から暗号のような原稿を持ち込まれ解読に成功すると、それは驚くべき内容だったのです。もしかしたらこの原稿は雌猫が書いたのでは…。

小説の目次を読むと19章にわたって「人間の家をのっとる方法」「魅惑の表情をつくる」など人を操るあらゆる手法が記されています。猫とよく接している人なら心当たりのある「声なしニャーオ」の必殺技やツンデレ演技、それらすべてを彼女たちは承知してやっているのです。スザンヌ・サースの猫の写真も秀逸。

1998年に文庫版が出版されており、『綿の国星』で擬人化した猫を描いた大島弓子の書下ろしマンガが掲載されています。(み)

■猫ゴコロ：気持が分かればにゃんと幸せ！

◆リベラル社 編
◆リベラル社　2012 年　191p
◆ NDC：645.7

☆司書のおすすめひとこと
「猫ゴコロ」に寄り添って出会いから別れまで大切に飼おう。動物病院長浅井亮太監修。

本書は、猫は大好きだけれどなかなか懐いてもらえないユカを中心に、猫との出会いから始まり、猫を飼う上でぶつかる様々な疑問、気をつけることなどを、猫に詳しい主人公の姉など、ユニークな登場人物を交えながら解説していく 1 冊。

取り上げられている項目は、「猫との出会い」「猫との生活」「猫のケア」「猫の食事」「猫の健康」の 5 つ。項目ごとに挿入されるマンガも楽しく、主人公に寄り添いながら、猫の飼い方について体系的に学ぶことができます。

それぞれの項目では、図や絵を使い具体的な事例を紹介しながら、猫を飼う上での重要な点が、わかりやすくまとめられており、猫の飼い方に迷った時に参考にできます。お別れの時の対応で終わる最後は切ないけれど、大切な命を責任持って飼う覚悟の重要性を、改めて痛感します。2015 年に文庫化。（有）

■ネコの“本当の気持ち”がわかる本：うちの子はなんでこうなの？

絶版

◆今泉忠明 監修
◆ナツメ社　2008年　205p
◆NDC：645.7

☆**司書のおすすめひとこと**
ネコウォッチングに出かける前にこの一冊。ネコを見る目が変わるかもしれません！？

ネコをはじめて飼う人だけでなく、すでにネコを飼っている人の疑問解消にも大いに役立つネコ情報満載の1冊。誰もが知りたい「うちのコの本当の性格」、ネコもヒトもお互いが幸せになれる「好かれる飼い主になる秘訣」「ネコを幸せにする暮らし方」など、コラムやクイズを交えながら全5章85項目をわかりやすいイラスト入りで解説しています。ネコ語やネコ面相、ポーズを学び、ネコの気持ちを正しく理解して良好な関係を築いたら、さっそく猫トレーニングに挑戦してみましょう。

副題に「うちの子はなんでこうなの？」とありますが、うちの飼い猫だけではなく、よその飼い猫やノラの習性のなぞも紹介されています。さあ、あなたも朝に夕にネコウォッチングに出かけてネコ町マップを作ってみませんか？　ネコウォッチング用フィールドノートつき。(み)

■マンガでわかる猫のきもち

◆ねこまき［マンガ・イラスト］
◆大泉書店　2016年　192p
◆NDC：645.7

☆司書のおすすめひとこと
猫のきもち85パターンを見開き1テーマで解説。ねこまきのゆるマンガも楽しめます。

猫の気持ちがテーマの本がたくさん出版されているのは、猫の気持ちを知りたい、理解したいと思うヒトが多いからではないでしょうか。この本は、ゆる〜い猫のマンガや絵で人気のイラストレーター、ねこまき（ミューズワーク）が、猫本を多数執筆して今をときめく哺乳動物学者の今泉忠明を監修者に迎え、「箱好き」「ベロ出てる」「恩返し？」など85テーマを取り上げて解説しています。猫を飼っている人はこのキーワードだけでもあるあると思うのでは。

見開き1テーマという構成で、クスリと笑える書下ろしマンガとちょっぴり毒舌の解説文がなるほどと思わせるのは、さすがのお二人。ノラと飼い猫の習性の微妙な違いや、猫を飼っている人が実は誤解している猫の気持ちが一目瞭然。猫を飼っている人もそうでない人も目からうろこが落ちっぱなしの1冊。（み）

■ノラネコの研究（たくさんのふしぎ傑作集）

◆伊澤雅子 文　平出衛 絵
◆福音館書店　1994年　39p
◆ NDC：489（児童書）

☆司書のおすすめひとこと
街でネコを見かけたら研究のチャンスです。「ネコ観察」のコツを活かして尾行スタート！

いまだ猫の生態には多くの謎があり、だからこそノラネコの観察も研究テーマになります。今の時代ノラネコの後をこっそり尾行し、その行動を観察するのはかなり困難でしょう。猫と目をあわさず、声も出さず静かに動く、猫が昼寝中はじっと待つのみ。しかし、身近にある不思議に満ちた驚きや発見から研究は始まり、科学は進歩していくのです。

著者の伊澤雅子は哺乳類動物が専門の生物学者で、主にネコ科の動物の生態を研究しています。この本では、動物行動学の研究手法の一つであるフィールドワークの基本が自然に身につくように、小学生にもわかりやすく解説しています。

また平出衛の絵により、ある日のネコの行動や生態が具体的に描かれた科学絵本としても楽しめます。山根明弘による取材協力あり。初出は月刊誌『たくさんのふしぎ』79号(1991年10月)。(SK)

■ボブという名のストリート・キャット

◆ジェームズ・ボーエン 著
服部京子 訳
◆辰巳出版　2013 年　277p
◆ NDC：289.3；936

☆**司書のおすすめひとこと**
あなたの「セカンドチャンス」も、やっぱり「ネコ」が運んでくれるかもしれません。

ホームレスで麻薬中毒だったジェームズは、ロンドンで即興演奏（バスキング）をしながら、その日暮らしの生活でした。2007 年の春、茶トラの野良猫「ボブ」と出会い、その人生が大きく変わった青年を追ったノンフィクション。「ボブ」の賢さに驚くとともに、人間と猫の内面的交流には心を動かされます。イギリス政府による更生支援プログラムの住居提供や薬物依存症の治療、「ビッグイシュー」（ホームレスの自立支援団体）の雑誌販売による収入の仕組みも興味深いです。

続編『ボブがくれた世界』（2014 年）と完結編『ボブが遺してくれた最高のギフト』（2020 年）もあります。世界各国で翻訳され反響を呼んだ「彼ら」のストーリーは、2016 年に映画化されました。世界中を魅了した「ボブ」は 2020 年 6 月に推定 14 歳で生涯を終えましたが、多くの人の心の中に永遠に残り愛され続けることは間違いないでしょう。映画第 2 弾も 2021 年公開予定。(SK)

■難民になったねこクンクーシュ

◆マイン・ヴェンチューラ 文
ベディ・グオ 絵 中井はるの 訳
◆かもがわ出版 2018年 32p
◆NDC：369.38 （絵本）

☆司書のおすすめひとこと
実際にあったネコの奇跡の物語から、「難民」の人々の過酷な現実が感じられます。

紛争の戦火から逃れるためイラクを離れることにした家族。2015年10月のことです。難民ボートでギリシャの島に渡る時、一緒に連れていた飼い猫とはぐれてしまいます。猫は難民キャンプのボランティアほか多くの人の協力で無事に保護されましたが、今度は飼い主家族の行方がわからなくなってしまいました。

家族の行先を探し、また様々な支援を募るためSNSを使って世界中に情報が拡散され、遂にギリシャから遠く離れたノルウェーにいた家族と再会を果たします。

実話をもとにしたこの作品により、難民と呼ばれる人々の困難な境遇がよりリアルに、また、他人事としてではなく自分事として、より身近に感じられます。実際の支援者によって書かれた『まいごのねこ：ほんとうにあった、難民のかぞくのおはなし』（岩崎書店 2018年）という絵本も出版されています。(SK)

■猫はこうして地球を征服した：人の脳からインターネット、生態系まで

◆アビゲイル・タッカー 著
西田美緒子 訳
◆インターシフト　2018 年　269p
◆ NDC：645.7

☆**司書のおすすめひとこと**
飼っているつもりが、飼いならされていたなんて！

なぜ人間はこんなに猫を愛するのでしょうか？ この本は米国の動物ライターでヘビーな愛猫家の著者が、多くの研究者に取材して書いたものです。

勇気ある猫が人間の社会に仲間入りして以来、猫は人間との関係を舵取りし、むしろ猫が人間を飼いならしてきた！ 猫は、甘い「ニャー」や咽のグルグル音で、飼い主に指令を出し、コミュニケーション好きな人間は喜んでそれを読み取るのだそうです。猫の無表情や「不意打ち」な行動が、インターネットで支持される理由だとも。

人間の脳との関係や最近の猫関連マーケットの話題なども教えてくれる本書。後書きでは、猫から喜びを得ながら保護施設で多くが安楽死している事実や、人間が世界中に広めた猫が生態系に影響を及ぼしていることを示し、愛する猫だからこそ、理解し畏敬の念を抱きたい、と書いています。(は)

■奄美のノネコ：猫の問いかけ

◆鹿児島大学鹿児島環境学研究会 編
◆南方新社　2019 年　282p
◆ NDC：489.5

☆司書のおすすめひとこと
表紙の猫は困り顔。人間が野に放した猫をどうするか、考えるのは人間です。

奄美群島ではノネコが希少な野生生物を捕食することが問題です。ノネコというのは、人の手を離れた飼い猫や野良猫が野性化した猫。人家が野生生物の住む山の近くにある日本の多くの島が、同じ問題に悩んでいます。

奄美大島では 2018 年に管理計画を作り、ノネコの捕獲、収容、譲渡に取り組みました。ノネコの駆除には多くの意見があり、行政と、野鳥保護団体や猫の愛護団体などの間で対話が重ねられてきました。ノネコを増やさないために大切な室内飼育はなかなか浸透せず、譲渡先や財源など、今でも問題は山積みです。

本書では違う立場の多くの関係者が執筆しており、多様な視点から問題を考えることができます。編者の鹿児島大学鹿児島環境学研究会は、この問題を「人と動物との新たな関係づくりに向けた社会実験として、多くの人に知ってほしい」と書いています。(は)

■シリアで猫を救う

◆アラー・アルジャリール、
　ダイアナ・ダーク 著　大塚敦子 訳
◆講談社　2020 年　220p
◆ NDC：302.275；936

☆司書のおすすめひとこと
戦争は罪なき動物に不幸をもたらす愚かな行為。シリア初の猫のサンクチュアリの物語。

2011 年から続くシリア内戦で、北部の都市アレッポでは多くの人々が激戦の犠牲に。その地に住む著者アルジャリールは自分の車をボランティアの救急車として使い負傷者を救助していました。そんな中、置き去りにされた猫も保護するように。最初は一人で始めた活動でしたが、SNS に発信すると世界中に広がり、支援を受けられるようになります。試行錯誤の中、シリア初の猫のサンクチュアリを創設しましたが、空爆で破壊されてしまいます。しかし彼はくじけず地域の友人達と新たなサンクチュアリを開設したのです。

弱いものが苦しむ戦争の悲惨さ、その中での著者の人や動物を助けるという熱い思いと死と隣り合わせの行動。原書は 2019 年刊。この本との出会いで一司書にできることは、利用者に届けてシリアの内情を知ってもらうこと。すべての動物にとっての平和を願います。（み）

猫カフェ

奥州市立胆沢図書館猫本コーナー「猫ノ図書館」

岩手県南の世界遺産平泉に隣接する小さな図書館・奥州市立胆沢図書館は、猫に関する本を集め、館内の一角に「猫ノ図書館」を2017年2月22日猫の日に開設。猫ブームを受け、蔵書の猫本に着目し、利用低迷脱却の起死回生プロジェクトとして誕生したものです。

小説や写真集、漫画、絵本など書架5本を使い、表紙見せや本物のねこ館長の写真と猫のパネルを展示しています。蔵書約1700冊。「猫本専門　神保町にゃんこ堂」がアドバイザーです。猫写真家とのご縁結び等尽力頂いた結果、猫ノ図書館の知名度がUp。全国の猫好きの来館や問い合せ、TV取材等ミラクルな出来事が続きました。

また、出版社やSNSで人気の保護猫「くまお」の飼い主とも繋がり、イベントを開催。その中で保健所や企業も巻き込み、「ネコもSDGsプロジェクト」へと発展。例のない取組みとなりました。猫本の寄贈も増え、閑散とした館内は人が絶えず訪れ、幅広い層に利用されるまでに。「ねこ館長むぎ」の人気は絶大で、リピーターも増え、図書館全体が来館者数・貸出冊数共にV字回復しました。

今後は、増えた猫本の展示方法の工夫や話題性の持続を保持できるよう、ユル楽しく発信していきたいと考えます。(W)

https://instagram.com/neconotoshokan
https://twitter.com/neconotoshokan
CA1904 - 小さな図書館の挑戦 －「猫ノ図書館」開設とねこ館長－ / 渡辺貴子（カレントアウェアネス　No.333　国立国会図書館　2017年9月20日）

第3章 猫と暮らす

■猫との暮らしが変わる遊びのレシピ：楽しく仲良く役に立つ！科学的トレーニング

◆坂崎清歌、青木愛弓 著
◆誠文堂新光社　2017 年　127p
◆ NDC：645.7

☆司書のおすすめひとこと
キャットインストラクターと動物行動コンサルタントが語る、遊びから見た猫との暮らし。

　どうやって猫と遊んだら良いかわからない、なかなか猫が懐いてくれないなど、猫と暮らす上で悩んだことがある人もいるでしょう。人間の子どもと同様、猫にとっても「遊び」はとても重要です。

　この本は猫との遊び方はもちろん、その幸せや健康、信頼関係の築き方や災害時の対応までも、「遊び」から考えていくという、なんとも盛り沢山の 1 冊。遊び方の方法も、写真入りで順番に解説されていて、すぐにでも実行できそうです。猫のお部屋の整え方も紹介されていて、猫が暮らしやすい環境を整えるヒントもいっぱい。

　随所に散りばめられた可愛い猫たちの写真や写真に挿入された吹き出しも楽しく、読む人の心を和ませてくれます。Q＆A も用意されていて、猫を飼う上での悩みなどにも対応してくれそう。これを読めばより楽しい猫ライフを過ごせそうです。(有)

■獣医にゃんとすの猫をもっと幸せにする「げぼく」の教科書

◆獣医にゃんとす 著
オキエイコ 画
◆二見書房 2021年 239p
◆ NDC：645.7

☆司書のおすすめひとこと
エビデンスのある健康情報が必要なのは猫も人間も一緒です！

Twitterで4.5万人のフォロアーを持ち、飼い主向けに猫の健康情報を発信している獣医にゃんとす@ nyantostos。著者は獣医の経験と研究者としてのリサーチ力を活用し、科学をベースに猫をいかに幸せにするかを追求しています。

猫の健康を重視した「げぼく＝猫に愛を注ぐ人」のための教科書です。愛猫「にゃんちゃん」との暮らしの実例も交えつつ、1日何回くらいごはんをあげたらいいのか、トイレを選ぶ観点など日常生活のことから、猫の健康チェックの仕方、災害に遭った場合に猫とともに避難する場合の準備など、非常時に備える方法も紹介します。

「ごはんの心得」「健康長生きの心得」「環境づくりの心得」「最新研究と猫の雑学」の4章に、猫と末永く添い遂げるために必要な医・食・住の知識が詰まっています。（こ）

■猫医者に訊け！

◆鈴木真 著　くるねこ大和 画
◆ KADOKAWA　2015 年　149p
◆ NDC：645.7

☆**司書のおすすめひとこと**
猫と暮らす中で日々生まれるささやかな疑問 100 問に 100 答！心配事が解消できるかも !?

猫がゴロゴロいうのは機嫌がいいから、だけではない！と、この本で知りました。猫との日々の暮らしの中で、病院に行くタイミングや気を付けたいこと等々のささやかな「？」、その行動や反応に「？？」となる魔訶不思議なことありませんか。そんな疑問を、からだ、しぐさ、食、病気、つきあい方、人生の 6 章に分けて 100 問 100 答！猫医者が答えます。名古屋で猫専門病院を開院し 30 年の獣医師ゆえの体験に基づいた回答に、いちいち頷けます。

一つ屋根の下で暮らすもの同士、ネコとヒトがお互いに快適に過ごす術を見いだせる指南書として、漫画家くるねこ大和の猫マンガ『くるねこ』と一緒に読むことをおススメします。猫医師が似顔絵そのままの姿なのが気になりますが……。続編『またまた猫医者に訊け！』(2016 年)、『もっと猫医者に訊け！』(2017 年) もあります。(え)

■猫のための家庭の医学

◆野澤延行 著
◆山と溪谷社　2018年　175p
◆ NDC：645.7

☆司書のおすすめひとこと
一家に一冊！ 愛猫の健康寿命を延ばすための本

ベテラン獣医師である、猫先生（動物・野澤クリニック野澤延行院長）が書いた、猫のための健康本。猫の健康寿命を延ばすための７つの約束「ねこはときめく」、病気の早期発見につながる７つの約束「またたびにこい」というキーワードを覚えれば、猫の暮らしの快適度・健康度が上がるのは間違いなし。

内容は大きく二つに分かれ、「生活編」では食のケア、こころのケア、「健康編」では健康管理と病気の予防、見た目の様子のチェックなどが書かれています。どこから開いても見開き２ページで読み切れるので、猫飼い初心者にもわかりやすい構成です。猫先生のイラストや可愛い写真もたっぷりで見ているだけでも癒される本。気になる症状があるときに、索引から引けるのもありがたいです。同じ著者、出版社で『犬のための家庭の医学』も出版されています。（砂）

■猫の腎臓病がわかる本：飼い主が愛猫のためにできること

◆宮川優一 著
◆女子栄養大学出版部　2020年
　109、3p
◆NDC：645.76

☆司書のおすすめひとこと
飼い猫の死因の多くは腎臓病。愛猫のために万が一の時の対応を考えておきましょう。

　多くの猫が罹る腎臓病。会話でのコミュニケーションが難しいからこそ、良く観察して異変を察知するのが大事です。この本は、猫の泌尿器のしくみとその働き、泌尿器疾患の種類、原因と予防、猫のストレスの要因やストレスを減らす方法、腎臓病に罹ってしまった時の治療法や食事内容などを、獣医師宮川優一が本文全4章と14のコラムで詳しく解説しています。巻末には食材の栄養成分一覧や不調、病気、ストレス要因のチェックリストがあり、索引も充実。

　早期発見が大事ですが、もしも腎臓病に罹ってしまった時、治療はもちろん、日々をどのように過ごすかも大切です。かわいい家族だからこそ、元気で幸せに長生きしてもらうために勉強しておきたいですね。年をとれば病気のリスクが高くなるのは人も猫も同じ。いざという時のために参考になる1冊です。(み)

■ねこの法律とお金＝Cat laws & money

◆渋谷寛 監修
◆廣済堂出版　2018年　198p
◆ NDC：645.7

☆司書のおすすめひとこと
法律を知っていたら、一読していたら、いつかあなたの猫の何かのお役に立てるはず。

日本の法律では猫は「物」であり、民法では「不動産以外の物は、すべて動産」（第86条２項）なので、猫は「動産」ということになります。当然ながら猫に権利や義務もなく、猫の身に起こるトラブルは所有者である飼い主の法律問題として扱われます。そこであなたの大切な猫を守るため、本書は猫を飼い始めてから最期を看取るまでに想定される問題に対して、弁護士の監修で適切な答えを解説しています。

猫との日々で起こること、ご近所トラブル、動物病院やペットサービスのトラブル、猫との別れ、猫のためのお金問題、そして「ねこ六法」という知っておきたい法律と、全６章からなり、どれも改めて知ることばかり。「保護猫カフェを開きたい」「猫が犬に噛まれた」「猫に遺産は残せる？」等の事案の説明、助言もあり、関連法律、基準、ガイドラインの資料付。（も）

■どんな災害でもネコといっしょ：ペットと防災ハンドブック（小学館 green mook）

◆徳田竜之介 監修
◆小学館クリエイティブ
2018年　95p
◆ NDC：369.3；645.7

> ☆**司書のおすすめひとこと**
> 自然災害が相次ぐ最近の日本。大切なペットを守るために、まずは知識と情報を。

ペットは飼い主にとって大切な家族。とはいえ、いざ地震や豪雨といった災害に直面した時、「どうやって避難したら？」「一緒に避難所に行ってもいいの？」など、悩む人は多いでしょう。

本書の監修者、熊本市の竜之介動物病院院長徳田竜之介は、東日本大震災の被災地で飼い主と離れさまよったり、避難所まで飼い主と一緒に来たのに中に入れないペットたちを目にし、一緒に生活できる「同伴避難所」が必要と確信、自身の病院を改築。３年後「熊本地震」に遭遇します。避難所を開設した24日間で、利用した飼い主は延べ1,500人、救った被災動物は1,000匹。その実体験からこの本は生まれました。

「1『もしも』に備える」では「飼い主のマナー・責任」など、災害に備える日ごろの準備こそ大切と説いています。「２被災シミュレーション」では、想定される災害、猫がその時とる行動、どこにどう避難するか、受けられる支援、日常生活の再建、支援する側の心得など、重要ポイントが項目別に見開き・体験者の声付きでまとめられ、必要品も写真入りで分かりやすく紹介されています。「３熊本地震を経験して」には、熊本地震での動物病院・同伴避難所・被災地巡回の様子が詳しく綴られ、災害時のペットと飼い主支援を考える上で大変貴重な記録となっています。

防災に関する本を、ほかに２冊紹介します。

▽『猫と暮らしている人のやさしくわかる防災と避難』小林元郎 監修　かねまつかなこ イラスト（ナツメ社　2020年）

地震発生直後から60時間後までをシミュレーションするマンガで始まります。そして各シーンでの困りごとを、後半の対策ページで解説。「ここで解決！」ページへの索引が付いていて、知りたいことにたどり着きやすいのが特色です。

▽『ねことわたしの防災ハンドブック』ねこの防災を考える会 著（パルコエンタテインメント事業部　2014年）

阪神・淡路大震災20年に出版された本。前２冊のように詳細なハンドブックではありませんが、「語りかけ」調の文体が気持ちを落ち着かせてくれます。どんな防災対策が日頃から必要かが、自然と頭に入ってくる本です。

３冊ともいざという時役に立つ書き込み式チェックリストが付いています。

ほかに、『決定版 猫と一緒に生き残る防災BOOK』（猫びより編集部 編　日東書院本社　2018年）も。（阪）

■うちの猫と25年いっしょに暮らせる本：その子らしく幸せに生きるケアの知恵

◆山内明子 著
◆さくら舎　2020年　212p
◆ NDC：645.7

☆司書のおすすめひとこと
うちの猫がストレスフリーで長生きする方法を東洋医学の知恵から知る本。

猫が長生きするために大切なのは、ストレスフリーな生活をすること。10歳くらいのシニア期前後から気にかけてあげると、その猫らしく長生きができるといいます。具体的には「猫が潜在的に持っている生きる力」を引き出して「病気になってから治す」のではなく「病気にかからないようにする」ことといいます。人間と同じですね。

本書では東洋医学に基づき、猫の体質を7つに分けてチェックシートで判断、それぞれの体質に合わせたケアの方法を紹介。さらにツボ押しなど「おうちケア」の方法を解説して、うちの猫がストレスなく長生きする秘訣を教えてくれます。著者は獣医学部卒業後に東洋医学を学び、米国フロリダに本部のある国際的な中獣医学の研究機関である Chi Institute のオーストラリア校で、獣医鍼灸師（CVA）の資格を取得した獣医師です。（な）

■世界を旅するネコ＝Norojourney：クロネコノロの飛行機便、37カ国へ

◆平松謙三 写真・文
◆宝島社　2016年　133p
◆ NDC：290.9；645.7

☆司書のおすすめひとこと
ネコが海外旅行!? 飼い主平松謙三と黒猫ノロのヨーロッパ・アフリカ・中近東旅記録。

表紙の写真にスーツケースとともに写っているのは、クロネコノロ（出版当時14歳・雑種)。普段は著者の平松謙三と八ヶ岳の山小屋で暮らしています。

「イヌにできるならネコだって」と著者の思いつき海外への旅は2002年に始まったそう。日本ではネコ連れで遠出するのはめったにみかけない光景ですが、海外、特にヨーロッパではごくあたりまえのことだとか。イヌ・ネコだけでなく時には馬も連れていくという長いバカンスをとるお国柄ならではの文化なのです。もちろんネコにもパスポートがあり、荷物室ではなく機内持ち込み。そんな旅のノウハウがぎっしりつまった1冊です。とはいえネコ連れの旅はトラブルがつきもの。著者のアドバイスを参考にあなたも愛猫と一緒に旅に出てみませんか？ノロの近況は著者のSNSでみることができます。Twitter@noronow；Instagram@kenznstagram；Instagram@norojourney（み）

■猫のための家づくり：建築知識特別編集

◆エクスナレッジ　2017年　191p
◆NDC：527

☆司書のおすすめひとこと
猫の生態や特性から、人と猫が快適に暮らせる家づくりのための専門的なアドバイス満載！

雑誌『建築知識』2017年1月号で特集が組まれ、話題となり完売したため、同じ年の9月に書籍化されました。猫がいる家庭のインテリア、生活グッズといった、生活用品の紹介にとどまらず、間取り図、写真、イラスト等の画像に簡潔な説明文を配し、視覚的にも理解しやすい内容となっています。

猫も人も気持ちよく暮らせること。猫が楽しく安心できる空間とは。そのために知っておきたい猫に関する知識。この3つの視点から具体的な注意事項や、建築事例の紹介など家づくりの新しい情報がまとめられているので、リフォームや新築を考えている場合、家づくりの指南書として読んでもよいでしょう。

猫と暮らしている人ならば参考にできる事柄も多く、我が家にもキャットウォークを設けたい！ 脱走の心配がない中庭で自由に遊ばせたい！と、憧れます。(え)

How to make a house to live with the cat
■猫と暮らす住まいのつくり方：猫も人も快適な家づくりと工夫がわかる

◆金巻とも子 監修
◆ナツメ社　2018年　159p
◆NDC：527

☆司書のおすすめひとこと
猫と人との共同生活、より楽しくより豊かに暮らすためのアドバイスがもりだくさん！

猫は心地よい場所を見つける天才です。猫のために室内の工夫を考える時、「猫が暮らしをもっと楽しむためには」という視点を持つことが大切です。そこで人間が家でどう生活したいのかを整理し、猫に提案する姿勢で取り組んでほしいという監修者金巻とも子の願いが本になりました。

猫の気持ちになる家づくりは、猫の体と心を知ることから始めます。実例と間取りで住まいづくりを学び、アスレチック、アメニティーと危険対策、そして家づくり実践編、全5章には猫との生活を見直すアドバイスばかり。

ストレスなく暮らす空間配分や表情で読む猫のメンタル、子猫老猫のプラン等、建築士ならではの視点の多数の写真、イラストによる実例や間取りと押さえたいポイントもあり。金巻は家庭動物住環境研究家かつ管理建築士で、猫環境用語と建築用語の説明付。（も）

■猫と住まいの解剖図鑑：猫も人も幸せになる暮らしがわかる

◆いしまるあきこ 著
◆エクスナレッジ　2020年　159p
◆NDC：527；645.7

☆司書のおすすめひとこと
猫と一緒に暮らす人生は素晴らしいという著者の「猫たちへの恩返しに」という想いあふれる1冊。

一級建築士の著者が猫と出会ったのは2013年のこと。そこから、猫との住まいの設計、猫向けDIYやリフォーム施工、猫シッター付き賃貸住宅「ねこのいえ」運営、猫との住まい探し「ねこのいえ不動産」等、猫との暮らしに関わる様々な事を行うようになったとか。

「猫との幸せな暮らし10か条」の章では、その1『猫も人も無理をしない』、その2『猫専用グッズにこだわらない』等、猫初心者の私などまんまと陥りがちな点に冒頭から触れられていて興味が惹かれます。

以降の「間取りから考える猫との住まい」や「猫とのくらし」の章も、建築家と猫シッター経験からの視点と、哺乳動物学者今泉忠明の監修による動物行動学の視点を交え、猫種別による住まいの注意点から＜歯みがき＞＜香害＞問題まで、猫も人も幸せになる暮らしが追求された渾身の内容です。(SK)

■今すぐできる！ 猫が長生きできる家と部屋のつくり方

◆今泉忠明 監修
◆宝島社　2019 年　143p
◆ NDC：645.7

☆司書のおすすめひとこと
人も猫も高齢化の進んだ社会で一緒に長く健やかに暮らしていくためのアドバイス満載！

猫は本来、単独で生きる生き物です。室内飼育であっても縄張り意識が強いため、居心地のよい住環境が必要です。本書は、猫と人が一緒に長く健やかに暮らすための空間づくりをどう考えるか、動物学者今泉忠明の全 6 章からなるアドバイスを収録。

猫の高齢化も進み完全室内飼育が猫の生活を守ります。最初に猫のプライドを尊重し動物的特徴や生活習慣から空間づくりを考えます。長生きするための条件、安心できる居場所づくりや元気に長生きする家と空間、老猫と一緒に穏やかに暮らすために知っておくべき事とは。室内での不用意な事故の防止や運動不足解消のため DIY で作るキャットタワーの紹介等、手作りアイデアも満載。

老猫には十分な甘えタイムも必要と、猫の気持ちを第一に考えた内容ばかりです。猫との暮らし Q&A や動物学者ならではのコラム付き。（も）

■自分で作るねこの家具とインテリア

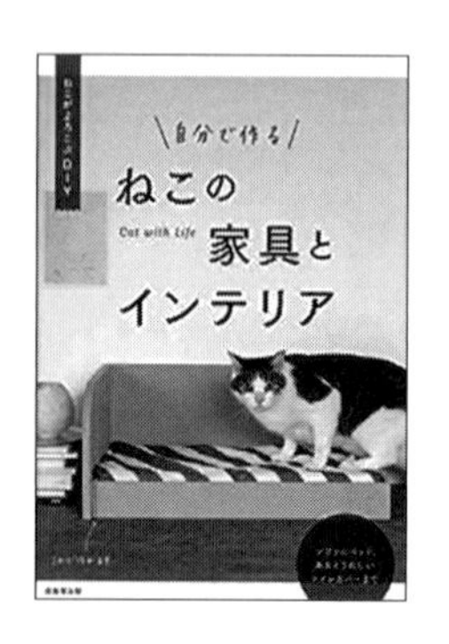

◆成美堂出版編集部 編
◆成美堂出版　2020 年　95p
◆ NDC：645.7

☆司書のおすすめひとこと
飼い猫の快適な生活のため、あなたも DIY してみませんか？

ソファにベッド、爪とぎやえさ台、トイレカバーまで。猫が喜ぶ猫の家具やインテリアが自分で作れちゃう本です。

Part 1「木で作る」は、木材を組み立てて作る家具、Part 2「布と紙で作る」は、ダンボールなどで作れる小物を紹介しています。Part 3では、空き箱などを使った「リメイク」。これなら即チャレンジできそうです。Part 4の「みんなのアイディア」は、たらいをベッドにするなど、猫を飼っている方々に聞いた、すぐまねできる工夫を集めています。道具や材料、基礎テクニックを教えてくれる Part 5「DIY の手引き」もあり、初心者でも安心してトライできます。

巻末には、写真に登場した猫モデルの体長 × 体高まで紹介してあり、制作物のサイズ感の参考にすることができます。かゆいところに手が届くありがたい本です。(砂)

■手作りネコのおうち

◆カリン・オリバー 著
山田ふみ子 訳
◆エクスナレッジ 2017年 96p
◆NDC：645.7

☆**司書のおすすめひとこと**
あなたや猫にぴったりの、世界にひとつの「お気に入り」のおうちを作ってみよう！

「ネコのおうち」を簡単に手作り？ 本当に？ どうやって？ 扱いやすく入手しやすい段ボールを主な材料として「折り目を付けてから折る」「カッターナイフで切る」「紙管紙筒を切る」「グルーガン（接着剤用工具）を使う」という基本作業を踏まえれば、工作が苦手な自分でも作れそう！ とワクワクしてきます。

お城、階段型、土管型のキャットハウスなど全部で20作品が紹介されています。ピラミッド型や、自動車、汽車、船、飛行機などの乗り物型の作品は、小さい子でも一緒に喜んで遊べそうです。

巻末に、作品や道具、材料の事項索引があるほか、本書に登場した20匹のモデル猫たちが勢ぞろいしています。写真集のように眺めるだけでも十分に楽しく、イヌは犬小屋で眠るけれど、ネコにおうちが必要なの？ という私の勝手なイメージも簡単に覆りました（笑）。(SK)

■猫つぐらの作り方 ：藁や紙紐で編む猫の家：猫が思わず入っちゃう！

◆誠文堂新光社 編
◆誠文堂新光社　2016 年　93p
◆ NDC：754

☆司書のおすすめひとこと
豪雪の村をあげて作る、猫のための伝統工芸品。作りたくなること必至！

「つぐら（ちぐら）」とは、稲藁を籠状に編んだ工芸品です。日本有数の豪雪地帯である長野や新潟には、何もできない冬の間、米作りで残った稲藁を使って民具を作るという冬ならではの文化があります。

猫つぐらは、赤ちゃんを寝かせる「ぼぼつぐら」をもとにして、農作物をネズミから守ってくれる猫のために作られたものなのだとか。しっかり編まれた猫つぐらは、保温性・通気性・狭さという猫の好む環境が整った、理想的な寝床になりました。この本は長野県栄村の伝統的な猫つぐらの作り方が、脱穀後の稲藁の入手方法から紹介されています。

藁を編むなんてハードルが高い！ と思う人もご安心あれ。紙紐を使ったアレンジもしっかり載っています。名人と呼ばれる人でも、一つ作るのに５～６日はかかるという限定生産品。あなたもひとつ作ってみませんか？　(笹)

■おうちでかんたん猫ごはん：愛情たっぷり健康レシピ

◆廣田すず 著
◆成美堂出版　2011 年　95p
◆ NDC：645.7

☆司書のおすすめひとこと
栄養学や東洋医学を学んだシェフが披露する健康レシピ集。監修は動物病院長由本雅哉。

猫のごはんといえば、市販のキャットフードや缶詰を利用している人がほとんどではないでしょうか。また、自分が食べているごはんを猫が欲しがるような場面では、「本当にこれをあげても大丈夫かな？」と、悩むこともあるでしょう。

この本には、猫用に、その健康を考えたレシピがたくさん紹介されています。一見すると、猫のごはんとは思えない、いろどり鮮やかな料理が並び、しっかり加熱したものなどは、人間が食べても美味しそうです。手作りごはんがなぜ良いのかという解説はもちろん、献立の立て方や肉や野菜など、食材の選び方、与えてはいけないものや、猫におすすめの調理法などが詳しく紹介されています。

また、食べない時の工夫や、年齢に応じた食事も！ 食材を選び、愛猫のために愛情たっぷりの健康ごはんを、あなたも作ってみませんか？（有）

■スプーン１杯からはじめる猫の手づくり健康食

◆浴本涼子 著
◆山と溪谷社　2020 年　127p
◆ NDC：645.73

☆司書のおすすめひとこと
いわゆる「ねこまんま」は人が好む食事でした。猫に向く食事は、一味違います。

現在の説では、猫に必要な栄養素は動物性たんぱく質が主で、炭水化物が占める比重は多くありません。完全な肉食動物だから炭水化物は必要ないという意見もあります。猫にはタブーな食材が幾つかあり、命に関わるため、うっかり与えてしまわないように、細心の注意が必要です。病気や加齢にあわせた食事で、猫の健康状態もケアできます。

本書は、食材を「取り分け」てから、猫の食事を作る本です。レシピの他、猫を健やかに飼うヒントがわかる構成です。健康食の説明、必要な分量の目安、目的別・症状別レシピ、猫の生活習慣などが書かれています。著者浴本涼子は獣医師で、「おうちケアサポート獣医師」としても活動中です。

この他に３冊をあげます。

▽『お取り分け猫ごはん：猫と同じゴハンを食べてわかった 24 のコト』五月女圭紀 著（駒草出版　2018 年）

人向けの料理を作りながら、猫用に「取り分け」るレシピ本です。家族だから同じ釜の飯を食べたいという視点で、たんぱく質の素材に玄米等のベースを混ぜて、ペースト状など猫にも食べやすくアレンジするレシピを24種類、掲載しています。著者五月女圭紀と監修者はりまや佳子は料理研究家。ペットの食育をオーガニックな視点から提唱しています。

▽『獣医師が考案した長生き猫ごはん：安心・簡単・作り置きOK！』林美彩 著（世界文化社　2020年）

スープやトッピングのほか、春夏秋冬と土用の季節にあわせたレシピ10種類と「取り分け」るレシピ6種類が掲載され、食材と分量、調理過程の写真が載っています。健康状態と食事のQ&Aもあります。著者の林美彩はカウンセリング専門動物病院を開設している獣医師、監修の古山範子も獣医師。ふたりとも代替療法の知識があります。

▽『猫の寿命は8割が“ごはん”で決まる！』 梅原孝三 監修 （双葉社　2019年）

手作り食よりもキャットフードを望む飼い主に向く本です。フードの詳しい解説があります。正しい知識でフードを選び、状況にあわせて与えることは猫の健康長寿につながります。監修の梅原孝三は獣医師。ペットの栄養管理、薬膳の知識もあります。（ゆ）

■作ってあげたい猫の首輪

◆西イズミ 著
◆河出書房新社　2010 年　79p
◆ NDC：594

☆司書のおすすめひとこと
お気に入りのデザインに、ジャストサイズで快適な手作り首輪で、ネコも大喜びです！

飼い猫にとっては今や首輪は必需品でしょうか。そして、市販のものよりハンドメイド（手作り）の方がぴったりしっくりきて、満足感も違ってくるようです。

本書では軽いつけ心地の布首輪を基本に、シュシュやひも、ビーズなど、ちょっとした端切れと身近な材料で作れる、様々な首輪が紹介されています。猫の首につけるのは鈴、というのはもはや諺の中だけのことかもしれません。バックルやチャームでワンポイントを飾ったり、バンダナやスカーフ、スタイ、衿付き、ネクタイ調でおしゃれに…と、ぜひとも好みの色や柄で作ってみたくなります。

作者は、手芸作家、豆本作家、イラストレーター。本書のほか、迷子札や布ベッド、猫じゃらしなどのおもちゃやエリザベスカラーまで作る『猫がよろこぶ手作りグッズ』(WAVE 出版　2016 年）などの著作もあります。（SK）

■手編みのかわいい猫の首輪

◆エクスナレッジ　2019 年　95p
◆ NDC：594.3

☆司書のおすすめひとこと
首輪もハウスも手編みです。プレゼントされた猫もついつい誰かに自慢したくなるはず！

かわいい猫に手づくりの首輪やハウスはいかが。用意するのは毛糸とかぎ針、そして愛情と少し？ の根気です。エクスナレッジの「猫の手芸 BOOK シリーズ」は、共に暮らす猫へのプレゼントの作り方を紹介。

『猫の首輪』ではまず安全を考慮した道具や編み方に触れ、小さい飾りのチャーム付き首輪など 30 種類もあげ、手触りがソフトで軽いのが魅力です。病気の猫をサポートするエリザベスカラーなどの首輪もあり、猫の負担も減るのではないでしょうか。

一方『手編みのかわいい猫ハウス』(2018 年) には、オープンタイプ、高所タイプ、クローズタイプの 3 つのタイプがあり、ベッドやサークル、バスケットにドームから、ゆりかごや食パンのベッド、鉢スタンドのハンモックやおもちゃまで、猫の好みや性格に合ったものを選べます。

猫の傍らで、のんびりゆったり編み物を。(も)

■猫いっぱいのスイーツBOOK：すごーくかわいくて、ぜんぶ作れる、食べられる！

◆Laura 著
◆KADOKAWA　2019年　95p
◆NDC：596.6

☆司書のおすすめひとこと
猫たちへのお菓子ではありません。作って食べたら猫を好きになってしまうお菓子です。

猫をモチーフにしたお菓子の作り方を紹介。マシュマロやパンケーキなどの洋猫が16種、ねりきりやおはぎなどの和猫が10種。「猫と人との心の橋渡し」をしたいというスイーツアーティストの著者の、猫への気持ちたっぷりの猫スイーツです。猫の材料はマシュマロやこしあんで、サクサクのショートブレッドは爪とぎに、モチモチの生大福は猫の手に大変身。市販の材料を使ったレシピを写真でわかりやすく紹介してあり、作る過程も楽しめます。季節のねりきりは桜猫からこたつ猫と、普段のおやつだけでなく、お祝いやイベントなどプレゼントにもお勧めです。

ホットケーキの猫タワー、コーヒー池の猫会議、どら焼き猫、すべてにチャーミングな名前がつけられ、どれもとってもおいしそうです。うちの子にそっくりな猫スイーツで、ゆったりした時間をどうぞ。（も）

■ねここね：はじめての猫ねんど

◆高橋理佐 著
◆ラトルズ　2008年　94p
◆NDC：751.4

☆司書のおすすめひとこと
粘土で猫をこねてみたい方へ贈ります。手招き、導き、作る気にさせてくれる本。

しなやかで表情豊かな猫は、様々な表現を可能にする創作意欲をかりたてる動物です。本書はねこ粘土ニャーチストを名乗る著者が、粘土を使った猫の作り方を披露しています。

使用する粘土や道具を写真ととも紹介し、全ての作品の基本となるお座りねこの作り方も、ヘラの使い方など写真で丁寧に説明。基本編、ポーズ編、応用編と進み、簡単な作り方から手を入れるものまで33作品、他に石膏型を使い同じ形を作る猫も登場。応用編ではブックスタンド、鉛筆立てやケータイ立てと実用性のあるもの、干支ねこでは、十二支に入らなかったはずの猫が干支の動物達と相まみえます。

エサもトイレも必要のない猫粘土、まずは粘土を手に取り1匹を作ってほしいという著者の願いがこもっています。自由な顔、形、色の個性豊かな猫たちがあなたの招き猫となるでしょう。（も）

■やっぱりねこが好き！ かぎ針編み ねここもの雑貨

Lovely crochet cat goods

◆アップルミンツ［発行］
日本ヴォーグ社［発売］
2020年　63p
◆NDC：594.3

☆**司書のおすすめひとこと**
お気に入りの猫と一緒にいられる小物(こもの)でほっこりできます。

大きな目に、ふわふわな毛並み、ぷくぷくした肉球。どんな姿でも猫はいとおしい。猫が好きな人のために、まるごと1冊猫モチーフ雑貨の作品集です。日常生活で使える、いろいろなポーズのブックマーカー、キリっとした猫のポケットティッシュケース、猫シルエットのメガネケース、猫たちが並ぶ編み込み模様のバッグ、まるで本物の猫が座っているような形のクッション、猫がひょっこり顔を出すブランケットなどが満載。かぎ針編みですぐに編める雑貨が紹介されています。(昌)

■うちのコにしたい！ 羊毛フェルト猫のつくり方

◆Hinari（ヒナリ）著
◆KADOKAWA
2016年　95p
◆NDC：594.9

☆**司書のおすすめひとこと**
猫の姿の一瞬一瞬を立体的に留めておきたい方は挑戦の価値あり！

独学で羊毛フェルトを学んだという作者が創りだした猫たちは、本物と見紛う体形や毛並み、そしてすぐにでも動き出しそうな佇まい……草むらで、窓辺で、ひなたで、めいめいが生き生きとした姿で紹介されています。材料や道具の使い方、骨組みから羊毛の扱い方、個性ある毛並みの植毛方法など、細やかな制作過程を写真で紹介するとともに、作者のこだわりやエピソードも満載！　完成前にピンクの羊毛をさし固めたハートを体に埋め込むなど、その制作過程をつぶさに見学させていただきたい！ と思います。(え)

■猫ぽんぽん：毛糸を巻いてつくる個性ゆたかな動物

◆ trikotri 著
◆誠文堂新光社
2017 年　95p
◆ NDC：594.9

☆**司書のおすすめひとこと**
毛糸のぽんぽんで猫の顔ができるとは !! 表紙に転がる猫たちに興味津々です。

毛糸で作る飾り玉のぽんぽん、普通は丸く作りますが、本書で紹介されている形は猫の顔で、しかも 25 種類！ アメリカンショートヘアなど人気の猫から、スフィンクスなど珍しい猫まで見事に作り分けています。毛糸だけで猫の個性といえる毛並みを再現する、その手法に感心しきりです。特に日本猫のサビ猫の色の使い分けは秀逸です。耳は羊毛フェルトでチクチクと仕上げます。著者 trikotri（黒田翼）は手芸作品で賞をとった実力派。日東書院本社 2017 年刊の佐藤法雪『ウチのコそっくりボンボン猫人形』もおすすめです。（え）

■はしもとみお猫を彫る

◆はしもとみお 著
◆辰巳出版
2018 年　94p
◆ NDC：713.021

☆**司書のおすすめひとこと**
あの猫にまた会いたい、その一心で猫を彫る。

三重県にアトリエを構える動物彫刻家・はしもとみおの、猫の彫刻写真集です。彼女は 2013 年から各地の美術館等で、彫刻と間近に触れ合える展覧会を開催しています。この本に収められた彫刻の猫は、どの猫も著者にとってみんな名前のある愛おしい猫たちです。あの猫にもう一度会いたい、触れたいという思いが、著者にノミを握らせます。すると、固いはずのクスノキが、もふっとした質感の猫へと変化し、野性的な表情や哲学者の風格を見せます。彫刻だけでなくドローイングやスケッチも収録しています。（こ）

■猫の木彫入門：キャット・カーヴィング　新装版

◆西誠人 著
◆日貿出版社　2008 年　111p
◆ NDC：713

☆司書のおすすめひとこと
必要なもの、木材と彫刻刀、木を焼いて描くバーニングペン、モデルの猫、そして猫愛。

1 匹の子猫との出逢いで猫の木彫りの作品を作るようになった著者。「ちょうちん」と名付けた子猫と暮らすうちに、自分にとって猫が大切な存在だと実感します。また、作品に欠かせない毛描きに使うバーニングペンとの出逢いも重要でした。

本書はノコギリやノミ等の一般的な大工道具を使い猫の型取りをし､彫刻刀で彫るという取り組みやすい作り方を紹介。主に使う 4 種類の彫刻刀の扱い方を示し、作業台の作り方、事前準備までイラストで丁寧に説明。

4 作例には基礎的技法のレリーフから、小立体の眠るポーズや座るポーズと、材料や用具、原寸大原画もあり。作業過程は写真で詳しく説明し、順序通りに彫り猫の毛をバーニングペンで描くと魅力的な作品の完成です。猫への愛情と作品作りを楽しむことがポイントという著者の愛くるしい作品の写真も掲載。（も）

■招き猫百科 = The graphics of manekineko

◆荒川千尋 文　坂東寛司 写真
日本招猫倶楽部 編
◆インプレス　2015年　207p
◆NDC：387

☆司書のおすすめひとこと
歴史、伝説、ご利益など招き猫を知るならこの1冊！　猫と日本人の関係もわかります。

多彩な観点から招き猫の魅力を伝える本書は、どこからでも読みはじめられる気軽なビジュアルブックです。例えば「招き猫縁起」では、「誰がどうやって作ったのか」や、そもそも「なぜ猫なのか」という謎を探ります。

起源ははっきりとはわからないとしつつも、古今東西の猫エピソードを交えた解説を読めば、猫たる所以に頷くはず。他にも「招き猫変遷」では時代とともに全国各地へと広がった招き猫の特徴、「Collection」では素材の違いを説明します。

編者の日本招猫倶楽部は、1993年に設立された招き猫愛好家の全国的なサークル。招き猫をテーマにした公募展も企画し、「Art」では過去の受賞作品を集めています。巻末付録には、英語と中国語での簡単な招き猫紹介文を掲載。最後まで読めばすっかり招き猫博士でしょう。福を呼ぶ猫の本をどうぞ。（オ）

司書ならではの検索術
～国立国会図書館（NDL）のオンライン検索～

■あなたの知りたいを解決します！国立国会図書館（NDL）のオンラインサービスを使って調べましょう！

みなさんは「あるテーマについてどんな本があるか」を調べる時、どのような方法で調べますか？ まずインターネットで調べますか。身近な図書館で自分で調べたり、司書に相談して調べたりすることもあるでしょう。そこで、司書も使う便利な３つの検索サービス、NDL オンライン、NDL サーチ、NDL デジタルコレクションを紹介します。

・NDL オンライン　https://www.ndl.go.jp/

NDL ホームページのトップにある検索窓で、NDL 所蔵の、図書、雑誌、新聞、電子資料、国内博士論文などを全て検索できます。登録利用者は複写の申込等ができます。

・NDL サーチ　https://iss.ndl.go.jp/

NDL 所蔵の全ての資料だけでなく、全国の公共・大学・専門図書館や、学術研究機関が提供する資料、各種のデジタルコンテンツ

猫カフェ

などを探すことができます。求める情報に迅速かつ的確にアクセスできるように、様々な工夫をこらしてあります。誰でも利用できるサービスです。NDL ホームページの下部にあるバナーからアクセスできます。

・NDL デジタルコレクション　https://dl.ndl.go.jp/

NDL で収集・保存しているデジタル資料を検索・閲覧できるサービス。閲覧については、インターネット公開、図書館送信資料 (図書館送信参加館)、国立国会図書館館内限定の 3 種類があります。これも NDL ホームページ下部にバナーがあります。

■実際に「源氏物語と猫」について調べてみましょう！

NDL オンライン検索の画面のキーワードに「源氏物語　猫」を入れてみましょう。133 件の結果が出て、資料種別や所蔵場所がわかります。NDL 以外の図書館も含めて調べる NDL サーチで検索すると 246 件、NDL やどこの図書館の蔵書か所蔵状況がわかります。NDL デジタルコレクションは、公開範囲の「インターネット公開 」「図書館送信資料」をチェックすると、317 件の結果。自宅にいながら資料を確認できるのです。古い資料では 1890 年代の『徒然草文段抄　上目次』などを実際に読める楽しさを味わえます。キーワードから広がる各々の結果は思わぬ出会いがあり、資料の世界は際限なく広がっていきます。(2021 年 5 月 2 日閲覧)
(も)

■ねこを描く：肉球からしっぽの先まで愛をこめて

◆リカ、ピズ 共著　金智恵 訳
◆マール社　2018年　127p
◆NDC：：724.58；725

☆司書のおすすめひとこと
ウチの猫(こ)への愛を描こう！と、「ねこ」を楽しく絵に描く世界へと誘ってくれる本。

ページをめくると、個性的な11匹の猫たちの絵に目を惹かれます。一匹一匹の表情が堪らない猫の絵がいっぱい！この絵と猫たちにまつわるエピソードに心惹かれて読み始めました。読み進めていくと、著者が自分の猫を一筆一筆、この本のタイトル通りに「肉球からしっぽまで愛をこめて」描いていることが伝わります。

著者は、「自分の愛猫もこんな風に描けたらなぁ……と思う、全ての猫を愛する人たち」のために、基礎デッサンに始まり、鼻と口元、目、足、耳を描くなど各パーツの描き方、鉛筆、色鉛筆、ペン、アクリル絵の具と様々な画材での描き方を丁寧に教えてくれます。

完璧に描けなくても大丈夫、誰より愛情を込めて描けるのは「あなた」だからと。著者のリカとピズは、共に美術大学彫塑科卒のイラストレーター。原書はハングル。（な）

■水墨画・猫を描く：創作の喜び、ねこ100態：（秀作水墨画描法シリーズ）

◆全国水墨画美術協会 編著
◆秀作社出版　2011年　105p
◆NDC：724.1

☆司書のおすすめひとこと
100選の水墨画を経てしても、猫を描くコツは、じっくり観察して徹底的に写生に納得。

雪村や菱田春草や竹内栖鳳などの猫の名画紹介のあと、10人の書家による描法と作例とともに、猫の書き方のアドバイスが記載されています。

猫の描き方も、骨格から書く人、耳と鼻を注視する人など、人様々。同じ猫のポーズでも、国芳、暁斎、広重、歌麿の4人の浮世絵師風に描くと、あら不思議。絵の雰囲気も全く異なり、描法の違いに、伝わってくる感動が全く違います。書家のそれぞれの作風を味わいながら、自分の画風を見出していくのもよいでしょう。文中の、「あなたの心の表現が命を生み出し、見る人の心を感動させることでしょう」の言葉に、絵を描くことの真骨頂を感じます。

猫の描き方の教本ですが、初心者には正直ちょっとハードルが高いかも。それでも、眺めるだけでも十分楽しめます。巻末に猫の故事・ことわざ一覧。2016年に改訂版。（高）

■5分からはじめる水彩お絵かき&雑貨づくり（玄光社 mook）

◆吉沢深雪 著
◆玄光社　2017年　95p
◆NDC：724.4

☆**司書のおすすめひとこと**
ものづくりしてみたい、でも、ぶきっちょだし絵も描けないし、という方、必見！

「水彩画を取り入れた手づくり雑貨」「ねこ」「とっても簡単」というコンセプトで、「5分で簡単」「15分でお手軽」「30分で自慢の」「1時間で本格的な」「2時間以上で立派な」と、短時間でできることから、ページを追うごとにステップアップできる5段階構成になっています。

気軽にイラストを描いたり、水彩を使ってみたり、ブックマークやブックカバーなど気になる雑貨を手づくりしてみたくなること間違いなし、です。著者は25年近く活躍するイラストレーター、エッセイスト。猫をモチーフとしたオリジナルデザインの雑貨「CatChips」シリーズは500種以上あり、目にしたことがある人も多いのではないでしょうか。

イラストエッセイや絵本、ぬり絵などの著作も多数あります。気後れするなあという人でも、鉛筆やペン1本を手にチャレンジしたくなります。(SK)

■色えんぴつでうちの猫を描こう：写真を使って簡単かわいい

◆目羅健嗣 著
◆日貿出版社　2016 年　71p
◆ NDC：724.4；725.5

☆司書のおすすめひとこと
あなたも猫画家に！愛猫の写真と手軽な画材の色鉛筆で写実的でかわいい絵が描けます。

猫絵師（猫の絵教室講師）として 30 年以上活躍する著者による「猫の描き方」指南本。猫を描くための本は、なかむらけんたろう著『ねこいろえんぴつ』(2018 年）等多数ありますが、本書の特徴は初心者でもかわいい猫が描ける「秘密」の公開です。

まず猫の写真を撮ります。写真を撮る時の注意点や、絵にしやすい写真の選び方なども丁寧に解説されています。そして写真をトレースした下絵に、色えんぴつを使用して色をぬります。さらに、油を使ってぼかし、電動消しゴムやえんぴつ型消しゴムでマスキング（色抜き）します。この応用による仕上がりの違いが、作品の比較でわかりやすく説明されています。

「猫が好き！」という気持ちが一番、技術がなくても大丈夫、という著者の言葉を信じて Let’s try!!　画家になった気分で描いてみませんか。2006 年初版の新装版。(SK)

■咳をしても一人と一匹

◆群ようこ 著
◆KADOKAWA　2018年　189p
◆NDC：914.6（エッセイ）

☆司書のおすすめひとこと
19歳になった愛猫は、わが家で一番偉い女王様。鳴き声が聞こえるようなエッセイ。

　作者群ようこは自らをその乳母と呼ぶほど、愛猫「しい」に尽くしています。そしてその愛情を当たり前のように受け取り、けっして人間の思い通りには行動しない猫の様子が描かれます。「しい」の「うー、うわあー」とか「わあああ」「きえええええーっ」「んっ、んっ」などの鳴き声が、いろいろなシチュエーションで描かれると、本当に声が聞こえるよう。作者は「しい」の19歳という年齢にいつ何が起きてもおかしくない、という心づもりもしています。
　尾崎放哉の句を知らなくても「ん？」と思うタイトルは、文章の達人、群ようこならでは。なんとか猫が元気に暮らせるよう工夫していて、ツンデレそのものの「しい」が作者に甘えたり、思いがけず喜んだりすると、読んでいるこちらまで嬉しく感じます。夏の暑い日に麻のシーツの上でスーパーマンのように伸びをする猫、一度見てみたいです。
　KADOKAWAの文芸雑誌『本の旅人』に2016年から18

年まで20回に渡り連載されたエッセイをまとめたもの。

群ようこには魅力的な猫が登場する小説「れんげ荘」シリーズ（角川春樹事務所）もあります。2009年の第1作『れんげ荘』にはまだ猫は登場しませんが、以下第2作以降に出てきます。

▽『働かないの』（2013年）

独身で実家暮らしだったキョウコが、母との不和や広告会社の仕事への熱意を失ったことから仕事を辞め、45歳にして一人暮らしを始め、貯蓄を頼りに月10万円生活を送る日常が描かれます。かなりのボロアパートですが、住めば都と生活を楽しむキョウコ。ここを選んだ理由の一つは近所で見かけた猫。しかし、まだちらっと見かける程度でした。

▽『ネコと昼寝』（2017年）

ある日、ヒラリと窓から飛び込んできたぶち猫。たまにやってくるようになり、ご飯をあげたり、一緒に昼寝をしたりするうちにキョウコは、この猫を「ぶっちゃん」と呼び、逢うのが楽しみになってきます。

▽『散歩するネコ』（2019年）

「ぶっちゃん」がリードをつけて散歩しているところに遭遇。どうやら一人歩きはできなくなっている様子。キョウコに甘える「ぶっちゃん」の様子がほほえましいです。

シリーズ5作目『おたがいさま』が2021年1月刊。また4作目までは文庫化されています。（律）

■ネコたちをめぐる世界

◆日高敏隆 著
◆小学館　1989 年　238p
◆ NDC：645.7　（エッセイ）

☆**司書のおすすめひとこと**
日常用語で綴られるネコたちの世界はとてもリアルで、著者の光る言語センスを感じます。

自らを「ネコ派」と称する猫好きの日高敏隆（1930-2009）による、飼い猫ほか身近にいる猫の生態を専門的視点で観察しつつ書かれた、5 年余りに及ぶエッセイ。

動物行動学を専攻した理学博士の著者は、昆虫のほか哺乳類や淡水魚など、幅広く動物の行動や生活に関する研究者であり、日本に動物行動学を紹介する等この分野の草分け的存在でした。語学も堪能で多くの翻訳書を手掛けています。本書は決して学術的な観察記録ではなく、平易で読みやすく軽快な文章にまず引き込まれます。

著者の妻、後藤喜久子によるカバー画や挿画のイラスト、世界中の猫グッズコレクションなどのページも楽しく、30 年以上前に出版された本とは思えません。1993 年小学館ライブラリーとして再刊。ほかの著書を読んでみたくても絶版が多く、そういう「本との出会い」こそが図書館の本分です。(SK)

■私は猫ストーカー：完全版（中公文庫）

品切重版未定

◆浅生ハルミン 著
◆中央公論新社　2013年　321p
◆NDC：645.7（エッセイ）

☆**司書のおすすめひとこと**
猫が好きな人ならではの猫の楽しみ方。一度やったら病みつきに？

友人の家で生後1か月の子猫を見せてもらった著者は、以来猫愛に目覚め、猫をこっそり追いかける猫ストーカーになりました。「あなたにもできる猫追いの手引き」は、この著者の経験から編み出された方法で、猫を探しに行こうかという気になります。

普段はイラストレーターの仕事をしている著者によるイラストや、コメントが秀逸な写真が多数見られます。猫ストーカーをしていることが知られてからは、仕事としてエッセイを依頼されることもあり、本書に37本が掲載されています。猫が多いと評判のまちを探検する著者によるまちの描写や独白は、時々、深く共感できます。

『私は猫ストーカー』（洋泉社　2005年）と『帰って来た猫ストーカー』（同　2008年）を合本・再編集して文庫化したのが本書です。また『私は猫ストーカー』は2009年に映画化されています。（律）

■今日も一日きみを見てた

◆角田光代 著
◆ KADOKAWA　2015 年　219p
◆ NDC：914.6 （エッセイ）

☆司書のおすすめひとこと
このふわふわの生き物はいったい何ものなんだろう？一緒に問いかけたくなる本。

猫と縁がなかった著者は、ひょんなことから漫画家の西原理恵子宅で生まれた子猫を譲り受けます。トトと名づけられたその猫は慎重で奥ゆかしく、遊んでほしい時は部屋のすみで目を伏せて待ってます。お客さんが大好きで、取材があるとにょろーっとカメラに収まります。

小説家である著者にとって、猫との生活は世界が変わって見えるほど。この本は猫をテーマにした 23 篇のエッセイ集。「あなたにとって猫とは？」と取材され「家族だけれども…」と口ごもる場面があります。著者は、何回かこの問いを繰り返し、段々と答えに近づいていくようです。

読む人が、一緒に過ごしている、過ごしていた生き物たちを思い浮かべ「彼らは私にとって何なのだろう？」と問いたくなる本です。掲載されているトトの写真に胸がきゅっとなります。2017 年に文庫化。（は）

■猫は、うれしかったことしか覚えていない

◆石黒由紀子 文　ミロコマチコ 絵
◆幻冬舎　2017 年　205p
◆ NDC：645.7（エッセイ）

☆**司書のおすすめひとこと**
「猫は、好きをおさえない」「猫は、ほどよく無視する」……猫は人生の師匠！

著者の愛猫の名はコウハイ。生後３ヵ月で保護猫の団体からやってきた日に、先住犬のセンパイと対面し、その夜はセンパイの背中で眠りました。それから２匹は姉弟のように過ごしています。叱られると「は？何のことです？」のすまし顔。遊んでもらえない時は拗ねずに次のチャンスを待つ。センパイを立てる気持ちは忘れない。

この本は動物エッセイを多く出している著者が、そんなナイスガイのコウハイを中心に、近所の猫や友人の猫たちとの日常を綴ったエッセイ集。１篇数ページのエッセイに登場する猫たちは皆前向きで、お手本にしたくなる清々しさ。

絵本作家ミロコマチコの力強い表紙と、ちょっと笑えるイラストも魅力です。石黒由紀子のフォトエッセイ『豆柴センパイと捨て猫コウハイ』(2011 年) では、２匹の信頼しあった姿を見ることができます。(は)

■猫にかまけて

◆町田康 著
◆講談社　2004年　252p
◆ NDC：914.6（エッセイ）

☆**司書のおすすめひとこと**
作家でありミュージシャンである著者が愛猫との暮らしを描いたエッセイ集、第1作。

昔、猫が苦手だった著者は、猫じゃらしを「一日に四時間ぐらいしか振ってやれない」と書くほどの猫好き。登場するのは、姐さん風のココア、何でも独り占めしたいゲンゾー、病気のところを保護されたヘッケ、いたずら好きの奈々の4匹です。

「みなし児のバラード」を歌うゲンゾーや、「イラキアタック」を得意とする奈々がいい味を出しています。ヘッケとココアの闘病生活には胸を打たれます。著者とともに献身的に看病する家人の、「ヘッケは生きたがっている。そのことから目をそむけてはいけないように思う」という言葉に感銘を受けました。

2000年～2004年に雑誌『猫の手帖』『FRaU』連載のエッセイ30本を収録。飼い主がフィルムカメラで撮影したと思われる数々の写真も掲載。続編は『猫のあしあと』『猫とあほんだら』『猫のよびごえ』。2010年に文庫化。（た）

■図書館ねこデューイ：町を幸せにしたトラねこの物語（ハヤカワ文庫）

◆ヴィッキー・マイロン 著
　羽田詩津子 訳
◆早川書房　2010 年　375p
◆ NDC：：645（エッセイ）

☆司書のおすすめひとこと
米国アイオワ州の町の図書館の実話を元にした、図書館長のエッセイ。邦訳初版は 2008 年。

あるとても寒い冬の日、返却ポストに捨てられた猫を発見した館長が、猫を図書館に住まわせ、遂には仕事まで与えて図書館の一員に！“デューイ・リードモア・ブックス”という立派な名前の付いたその猫は、すぐに「図書館ねこ」としての自覚を持ち、図書館にやってくる利用者のために働き始めます。まるで前世は図書館員かも？ と思う程図書館の中での自然のふるまいが微笑ましいです。

デューイと利用者との心温まるエピソードにも感動しますが、波乱万丈な人生に立ち向かい前向きに生きる著者の姿にも勇気をもらえます。何より図書館運営に対する考え方に共感。柔軟な考え方で町の人の事を何より大切にする司書だからこそ「猫を職員に迎える」ことができたのかも。猫が好き、図書館が好きという方は涙なしには読めない内容。文化出版局の絵本版『としょかんねこデューイ』(2012 年) もあります。(58)

■店主は、猫：台湾の看板ニャンコたち

◆猫夫人 著
天野健太郎、小栗山智 訳
◆WAVE 出版　2016 年　173p
◆NDC：645.7（エッセイ）

☆司書のおすすめひとこと
台湾の猫村の仕掛け人は、猫も街も人も好きな人気ブロガー。

台湾都市部の商店で暮らす看板猫たちの自然な姿を紹介するフォトエッセイです。著者は台湾で猫と言えば必ず名前があがる有名人。猫好きで、台湾中をフットワーク軽く駆け巡りカメラを構え、猫写真を掲載したブログで大人気となりました。

さびれた炭鉱の町、猴硐（ホウトン）にたくさんの猫が住む姿を紹介し、「猫村」として観光地化した仕掛け人です。清掃や去勢手術などボランティア活動を続け、野良猫と地元コミュニティの共生を実現しました。本書では「看板猫」をテーマに 30 を超える商店に通い、人とも猫ともコミュニケーションを重ねました。

全 4 章構成で、台北市、新北市、その他の地域の 3 章で猫を中心とした人々の生活や街の姿を紹介しています。番外編はミニ写真集となります。撮影期間は 2011 年の年初から 10 月までですが、商店名と住所は掲載されています。(墨)

■猫のハローワーク　（講談社文庫）

◆新美敬子 著
◆講談社　2018年　251p
◆NDC：645.7；748；914.6（エッセイ）

☆司書のおすすめひとこと
旅先で出会う猫につい話しかけてしまうという犬猫写真家、新美敬子によるフォトエッセイ。

北はスウェーデンから南はニューカレドニアまで三十数カ国・地域に暮らす百匹あまりの猫の仕事ぶりが綴られています。見開き2ページに猫1匹というスタイルで、愛らしい猫のカラー写真にユーモラスな文が添えられています。

それぞれの猫にふさわしい肩書を付けた著者の視点がユニーク。印象的だった猫は、「コンタクトレンズ販売員」のニニ（中華人民共和国）と「住みやすさPR係」のメトラ（クロアチア)。「重石」や「カイロ」という職業の猫も登場します。

その猫なりの役割や使命があり、存在自体が尊いのです。あとがきの「そこにいるだけで、価値がある」という言葉がすとんと胸に落ちました。また猫の後ろに広がる街角の風景は、世界を旅した気分にさせてくれました。さて、表紙の猫の職業は？ 本書を手に取るまでお楽しみに。2021年第2弾刊行。（た）

■猫　（中公文庫）

◆有馬頼義 他著
　クラフト・エヴィング商會 編
◆中央公論新社　2009年　209p
◆NDC：914.6　（エッセイ）

☆司書のおすすめひとこと
大正時代から昭和20年代の小説家や学者たちの随筆集。猫の暮らしに時代が映る。

有馬頼義、猪熊弦一郎、井伏鱒二、大佛次郎、尾高京子、坂西志保、瀧井孝作、谷崎潤一郎、壺井榮、寺田寅彦、柳田國男の随筆集。

画家の猪熊の猫は疎開先で山を歩き「見るからに野性そのもののように」なっていきます。評論家でアメリカ議会図書館の司書でもあった坂西の猫は、アメリカ人の客の前に行儀よく坐る美食猫です。作家の大佛が妻に「これ（11歳の猫）は何匹子どもを生んだろう」と尋ねると「150匹」。猫は知り合いから貰われてきて、子どもを生み、また貰われていく。近所で元うちの猫に出会うことも。当時の猫飼いはなんだか壮大です。けれども一匹一匹へのまなざしは温かいのです。

1955年刊の原著に、ブックデザインのクラフト・エヴィング商會が自身の創作1篇を加え再編し2004年に出したものの文庫版。原著はNDLデジタルコレクションにあり。(は)

■猫はしっぽでしゃべる

◆田尻久子 著
◆ナナロク社　2018年　187p
◆NDC：024；914.6（エッセイ）

☆司書のおすすめひとこと
エッセイだけど、書籍の紹介が半端じゃない！ 47冊の書籍リストまでついてるエッセイ集。

本好きが高じて、いつか書店を開きたいと思う人がいます。この本の著者もその一人で、熊本で喫茶と書店を営み、熊本発の文芸誌『アルテリ』の責任編集者です。自分で選んだ本に囲まれて、人々や日々の出来事を綴りつつ、本の紹介もしてくれます。

タイトルは、猫が出てくるエッセイ「路地裏の猫」の一節からとられました。「人間も、しっぽがあればいいのにとたまに思う。しっぽでしゃべることが出来れば、もしかしたら、言葉を使うより意思の疎通が楽かもしれない」は、文中の言葉。猫のエッセイはこの一つだけですが、熊本地震や水俣病など重たいテーマでも、簡潔で分け隔てない視線で語る文章は、読み手を優しくしてくれます。

都内の図書館では、エッセイ（NDC:914）の棚ではなく、書店(NDC:024)の棚が断然多い。本に辿り着きますように。(高)

■にゃんこ天国：猫のエッセイアンソロジー（ごきげん文藝）

◆阿部昭 他著
◆河出書房新社　2018 年　237p
◆ NDC：914.6　(エッセイ)

☆司書のおすすめひとこと
明治の文豪から平成の漫画家まで 33 人、猫にまみれたエッセイ集。人も猫も人生色々。

「猫を飼っているのではなく、ひとりの猫と共に住んでいる」と言うのは伊丹十三。彼の人生は猫と共にあり、さまざまな出来事があの猫、この猫に結びつけて語られます。仕事に行き詰まると嫌がられると知りつつ猫をかまうという池波正太郎も猫のいない人生は考えられないと語る一人。町田康は彼らになかなか高額な「おやつ」を「ごはん」以外に日に 2 回与え、減らしていいかと交渉するも断られ、頭上がらず。村上春樹が学生時代から新婚時代を一緒に過ごし、最後は田舎でのんびり暮らしたピーターのこと。佐野洋子のフネとの別れ…。

出会えば必ず別れはつきもの。ふらっと行方不明になってしまった猫、自身の最後を察知して姿を消したであろう猫、そんな猫のことを作家たちは器用に書きますが、猫に対してはなんとも不器用で…。巻末に著者略歴あり。(み)

第4章
猫を愛でる

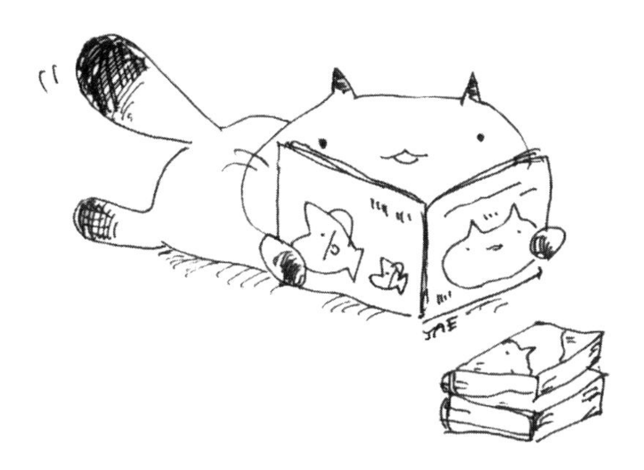

■ 85 枚の猫

版元品切れ

◆イーラ 著
◆新潮社刊　1996 年　69p
◆ NDC：748

☆司書のおすすめひとこと
寄り添う、跳ねる、見つめ合う……写真の中で生き生きと過ごす 70 年前の猫たち。

タイトルの通り、85 枚のモノクローム写真が収められた猫の写真集です。写真家岩合光昭が「ぼくの教科書だった」とまえがきで挙げるこの本の原書『85 chats』は、1952 年にフランスはじめ 5 か国で出版されました。「イーラは猫を、人間が人間を見るように見たのだと思う」とは同じまえがきでの岩合による賛辞。ただ猫を写しただけなのに、そこに等しく注がれるイーラの眼差しがわかります。

ハンガリー出身の動物写真家イーラ（Ylla, 1911-1955）は、世界大戦の中で活動の場所を変え、1940 年にはアメリカへ移民、ニューヨークに動物専門の写真スタジオを構えました。いくつもの写真集を発表し、日本でも本書の他に、アメリカの作家マーガレット・ワイズ・ブラウンや、フランスの詩人ジャック・プレヴェールと制作した写真絵本などが翻訳出版され、読むことができます。（オ）

■ Hollywood cats：photographs from the John Kobal Foundation

◆ Gareth Abbott［編］
◆ ACC Editions　2014年　160p
◆ NDC：778

☆司書のおすすめひとこと
ハリウッドスターといえど、愛するペットと一緒にいるときの表情は万国共通。

ハリウッド黄金期に撮影された､大物スターと猫の写真集。映画のポートレート・ライブラリーであるジョン・コバール財団から提供された100枚以上の写真が楽しめます。映画作品で活躍した猫はもちろん、スターの飼い猫&猫ライフも紹介。表紙を飾るのは1945年に撮影されたエリザベス･テーラーです。

動物好きで有名な彼女は、ほかに5つの猫ショットも収録され、テイラー家の3匹のペットとともに写っている写真では、女優の表情とは違う柔らかな笑顔が見られます。ほかにも、夫のローレンス・オリヴィエから贈られたシャム猫を抱くビビアン・リー、ミッキーマウスの絵を指さしながらおどけた様子で猫に話しかけるウォルト・ディズニーなど、見所たくさん！ 本文中に引用のあることわざ“You never really own a cat, rather the cat owns you.”に深く頷いてしまう写真ばかりです。(笹)

■岩合光昭のネコ：47都道府県の408にゃんこ

◆岩合光昭 著
◆日本出版社　2010年　223p
◆NDC：748

☆司書のおすすめひとこと
にゃんこを撮らせたら右に出る者なし。岩合光昭が47都道府県で自然体の猫を撮りまくり。

世界中のあらゆる場所で動物を撮影し続けている写真家、岩合光昭。中でも猫の撮影は彼のライフワーク。この『岩合光昭のネコ』は日本全国を12年かけてまわって撮影した、彼と猫との数えきれない出会いの集大成です。ページをめくると富士山を背に凛とした表情の猫、大きな体で存在感抜群の後ろ姿、飛んだり跳ねたり躍動感溢れる408の猫の写真。飼い猫ともノラ猫ともすぐに打ち解けてしまう岩合ならではの、愛情いっぱいの一言コメントも必読です。2014年に新潮社から文庫化。

ほかにも岩合の本を幾つか紹介します。

▽『海（カイ）ちゃん：ある猫の物語』岩合光昭・岩合日出子 著（講談社　1984年）

夫人との共著。海ちゃんは、岩合が1976年に運命的に出会い、家族となった猫です。ひきとったいきさつや名前の由来など海ちゃんの一生がこの一冊につまっています。母になる前後の海ちゃんの表情に注目。1996 年に新潮社から文庫化。

▽『にゃんきっちゃん』岩合日出子 文・岩合光昭 写真（福音館書店　2008 年）

岩合家の家族の一員になった猫、にゃんきっちゃん。この絵本の写真は本人選。気に入れば静かに写真の上にすわり、気に入らなければ目の周りを赤くして怒ってしまうそうです。雪の中の真っ白なにゃんきっちゃんの自由奔放な姿に目が釘付けになります。

▽『ねこ』岩合光昭 著（クレヴィス　2010 年）

海外で出会った猫や前出の海ちゃん、島民より猫のほうが多い宮城県田代島などでの猫たちの姿を集めた写真集です。その地域ならではの素晴らしい景色を背景に猫同士や人間との触れ合いを通して、彼らの気持ちまでもが見事に作品に表現されています。話題になった猫と小型犬パグが並び、しっかりカメラ目線の作品も自然体というから驚き。

2012 年から「岩合光昭の世界ネコ歩き」というテレビ番組を持つ岩合ですが、2019 年にはなんと映画監督に。そのあたりの話は、本書第 7 章コミックエッセイ『ねことじいちゃん』のページをご覧ください。

猫の写真を撮り続けて 50 年以上、岩合のこれからの活躍からも目が離せません。（み）

■フクとマリモ

◆五十嵐健太 著
◆角川書店　2015 年
　1 冊（ページ付なし）
◆ NDC：748

☆**司書のおすすめひとこと**
フクとマリモの仲良し写真集。軽量で携帯に最適。Kindle 版で拡大して癒されるのもお薦め。

『飛び猫』(KADOKAWA 2015 年）で有名な動物写真家・五十嵐健太のミニ写真集。フクは性別不明のコキンメフクロウ。マリモはスコティッシュフォールドの女子猫。撮影当時、フクは約 5 歳半、マリモは生まれたばかり。ネーミングぴったりのふたりが見つめ合うわ、添い寝するわ、寄り添うわ、仲良しショットがこれでもかと掲載されていて、ほっこりすることまちがいなし。

監修は大阪・中崎町の猫カフェ「フクロウコーヒー」オーナーの永原律子。永原は 2016 年に『ずっとともだち。フクロウのフクと猫のマリモ』(KADOKAWA)、2017 年に『母親になった猫（マリモ）と子猫になりたいフクロウ（フク)。: フクとマリモの子育て日記』(小学館）を出版しています。インターネット情報では、二人はすくすくと成長して、今でも仲良く「フクロウコーヒー」で暮らしているようです。(み)

■荒汐部屋のすもうねこ：モルとムギと12人の力士たち

◆荒汐部屋 著　安彦幸枝 写真
◆平凡社　2016年　95p
◆ NDC：748；788.1

☆**司書のおすすめひとこと**
大相撲の荒汐部屋で暮らす猫モルとムギ、親方、おかみさん、心優しき12人の力士たち。

荒汐部屋は2002年に元小結大豊が東京中央区に開いた相撲部屋。モルとの出会いは、2004年十一月場所の福岡。宿舎の前に座っていた猫を力士が保護し東京へ。部屋ではまるで以前からここは自分の場所だったとばかりに自然にふるまい、すっかり親方の貫禄のモル。名付け親は蒼国来で、母国のモンゴル語で猫という意味とのこと。

人見知りのムギは3階の力士部屋で暮らしています。ある日部屋の前に迷い込んできた子猫を力士が保護し、今ではすっかり部屋番に。大きい力士たちと体は小さいけれど存在感たっぷりなモルとムギの自然体の写真に心が温まります。

この本は、モルとムギ、力士の写真ページの合間におかみさんが語る9話のコラムが置かれ、写真を見ながら荒汐部屋の一日や大相撲の世界が垣間見える作品になっています。荒汐部屋公式サイト：http://arashio.net、twitter：@arashiobeya（み）

■世界で一番美しい猫の図鑑

◆タムシン・ピッケラル 著 五十嵐友子 訳 アストリッド・ハリソン 写真
◆エクスナレッジ 2014年 287p
◆NDC：645

☆**司書のおすすめひとこと**
55種類のネコたちの、一番美しいポーズの写真集。

今でこそペットとして愛される存在である猫も、魔女の手下とみなされて狩られたり、神秘的な姿かたちゆえに儀式の中で生贄とされたりする歴史がありました。著者は美術を学んだ英国の元獣医看護師で、それぞれの猫種を誕生した順に紹介しながら、猫と人間の関わりを解説しています。そしてこの本の魅力は、何と言っても猫たちのポーズ。仰向けだったり、伸びたり丸まったり、何かを狙ったり、あるいは後ろ姿だけだったりと、「猫あるある」の様子が満載。思わず撫でたくなるような写真集です。(笹)

■島旅ねこ：にゃんこの島の歩き方（地球の歩き方 JAPAN. 島旅）

◆地球の歩き方編集室 編
◆ダイヤモンド・ビッグ社 2018年 127p
◆NDC：291.09

☆**司書のおすすめひとこと**
島の猫を見られるポイントを紹介した「地球の歩き方」シリーズ。

離島に住むネコの写真を多数収録したガイドブック。屋外で暮らすネコをテーマに、東北、瀬戸内海、九州、沖縄にある、田代島、佐柳島、真鍋島、青島、男木島、睦月島、祝島、相島、湯島、池島、久高島、竹富島の計12島を紹介しています。2017年7月～11月時点の交通手段、宿泊施設、食堂の情報もあります。

2020年にCOVID-19が世界的に流行した影響で、「地球の歩き方」シリーズは、2021年1月より事業譲渡を受けた株式会社学研プラスが販売し、新設された株式会社地球の歩き方が発行する形で継続されました。(ゆ)

■みさおとふくまる ＝ Misao the big mama and Fukumaru the cat

◆伊原美代子 写真・文
◆リトルモア　2011 年　68p
◆ NDC：748

☆司書のおすすめひとこと
みさおおばあちゃんと猫のふくまる。ふくまるの手に愛を感じます。

伊原美代子は、日本の風土をテーマとする写真家。祖母のみさおさんと猫のふくまるを十年以上かけて撮影しました。撮影時に八十歳を超えているみさおさんですが、自然あふれる中で、畑仕事をし、梅干しを作り、魚もさばきます。ふくまるは、みさおさんと見つめ合ったり、黙って並んでいたり……言葉はなくても、信頼しあっていることが伝わってきます。私には、ふくまるがみさおさんに伸ばす手が、愛を語っているように見えました。続編に『みさおとふくまる：さようなら、こんにちは』(2013 年)。(は)

■必死すぎるネコ　(タツミムック)

◆沖昌之 著
◆辰巳出版　2017 年
　1 冊（ページ付なし）
◆ NDC：645,7

☆司書のおすすめひとこと
ネコも必死なら写真家も必死。楽しくて真剣で、必死って素敵！

猫の必死な瞬間を切り取った 90 枚の写真集。猫が必死になるのは、何といってもけんか。それから狩り。ヘビやザリガニ、がんばってくわえてるけど、大丈夫？ 何匹かで穴を覗き込む……何があるのかな？ ページをめくりながら、思わず猫に話しかけてしまいます。著者の沖昌之は、猫写真家。会社員時代に業務で撮影を学び、ある時出会った猫に惹かれてこの道へ。猫写真を SNS やブログで発信し、猫専門誌『猫びより』にも連載を持っています。『必死すぎるネコ　前後不覚編』(2019 年)もあります。(は)

■ねこの絵集：8世紀にわたる猫アートコレクション

◆ブリティッシュ・ライブラリー 編
　和田侑子 訳
◆グラフィック社　2016 年　143p
◆ NDC：726.6

☆司書のおすすめひとこと
世界中の書物を集めている大英図書館の本には、世界中の愛すべき猫が登場します！

大英図書館所蔵本に掲載の、12 世紀以降の魅力的な猫の絵 100 点以上を集めたビジュアルブック。ネズミを追いかけたり、ドレスを着飾って会話したり、やんちゃしたりすましたり、ミステリアスな猫もいる表情豊かな猫たちの作品集。

『イタリアの薬草』(1444 年頃)、タイの写本絵、イギリス、オランダの時祷書にも様々な猫が登場。『動物寓話集』(1170 年頃) の大猫、アーサー・ラッカム画『グリム童話』(1925 年) の黒猫、グウィネズ・ハドソン画『不思議の国のアリス』(1922 年版) のチェシャ猫等、読み継がれる物語の挿絵には個性豊かな猫たち。

『日本のおとぎ話』(1905 年) は猫絵を落書きした小坊主が登場。グリム童話やイソップ物語の挿絵、風刺漫画や浮世絵、描かれ方も様々です。モンテーニュやシェイクスピア、哲学者、小説家や詩人の猫への興味深い言葉も紹介。(も)

■猫の西洋絵画 = The cat art catalog of the Western painting

◆平松洋 著
◆東京書籍 2014年 141p
◆NDC：723.087；723.3

☆司書のおすすめひとこと
美術界で動物画の評価が低くても可愛ければそれでよし。270匹をオールカラーでお届け。

様々な西洋絵画に描かれている猫。しかし、その評価は高いとは言えないようです。本書ではその理由をキリスト教で猫が否定的なイメージでとらえられていたためと記しています。ページを繰ると猫の毛並みのふわふわ感やこちらをみつめる瞳が愛らしく、時代の評価など忘れさせてくれます。

「主役となった猫たち」「子どもたちと一緒」「美女と猫」と3章にわたり18世紀半ばから20世紀初頭に描かれた油絵からパステル画、ファンシーピクチャーと呼ばれるものや広告画などなど、全てのページが猫で埋め尽くされています。

美術評論家の著者は「美術史に埋もれた猫たちを救い出そう！」と呼び掛けていますが、この本に掲載されている絵画はほぼ無名の芸術アカデミー作家のもので、個人蔵の作品ばかり。それだけでもこの本の価値があるといえるのでは。(み)

■ねこのおもちゃ絵：国芳一門の猫画図鑑

◆長井裕子 著
◆小学館　2015年　127p
◆NDC：721.8

☆司書のおすすめひとこと
「おもちゃ絵」は遊ばれ捨てられる運命で、残存数が少ないのも惹かれるポイント。

江戸末期から明治中期にかけて流行した子ども向けの浮世絵「おもちゃ絵」。着せ替え人形やなぞかけ、変わり絵など玩具でもあり、当時の生活習慣や風俗を学ぶ教材でもありました。

この本で人間さながらに生き生きと遊び、学び、活動しているのは猫ばかり。細部まで描き込まれた浮世絵は今の子どもも大好きな探し絵のようで、一人（一匹）ずつ違う仕草やセリフを楽しめます。歌川国芳と言えば奇想天外、大胆かつ猫好き。師匠がヒットさせた猫の浮世絵をルーツとしてアイデアを凝らした、芳藤、小林幾英など有名絵師の他、まだ無名の絵師たちの力作42点を収録。

著者は語学留学中のアメリカで浮世絵と出会い、研究者となったそう。類書に『浮世猫大画報：国芳一門猫づくし猫の浮世絵・おもちゃ絵の百猫繚乱、満猫御礼』（日本招猫倶楽部編　風呂猫　2011年）。（ひ）

■江戸猫：浮世絵猫づくし

◆稲垣進一、悳俊彦 著
◆東京書籍　2010 年　139p
◆ NDC：721.8

☆司書のおすすめひとこと
面白猫、美しい猫、怖い猫、どの絵にも、江戸の絵師たちの思い入れが感じられる。

猫という字は、描くと言う字にさも似たり。だからという訳ではないけれど、猫ほど江戸の絵師たちに愛された動物はいないかも。「東海道五十三次」をパロディにした歌川国芳の「猫飼好五十三疋（みょうかいこうごじゅうさんびき）」には、日本橋を「にほんだし」としゃれてカツオブシ２本と戯れる猫を描くといった具合に、３枚続きの絵の中に飼い主の日常を思わせる、うふふな猫がびっしり詰まっています。

あざやかな朱布を首輪にした鈴木春信の猫は、花に集まる蝶を金の目で見つめ、歌川広重は、朝焼けの美しい冬の朝、背中を丸めて酉の市詣の行列を見下ろすお座敷猫を描きます。笑みを誘う猫、美しい猫、怖い猫、芸する猫、美女と猫、猫の当て字……この本に紹介されたどの絵も、絵師たちの「猫愛」で輝いています。添えられた解説で、更に深く楽しめます。著者は二人とも浮世絵研究家。（阪）

■熊楠と猫

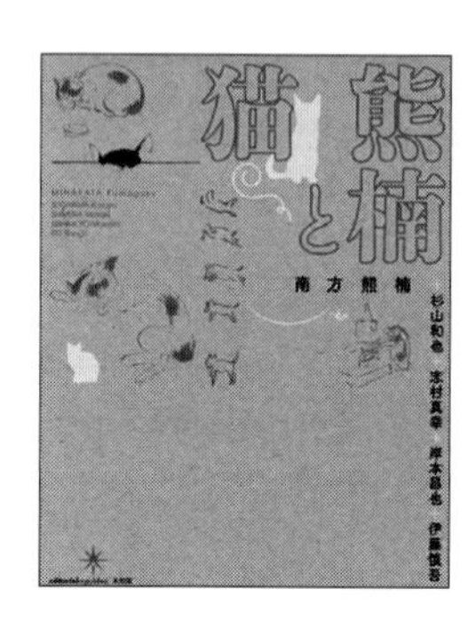

◆南方熊楠 他編
◆共和国 2018年 173p
◆NDC：289.1

☆司書のおすすめひとこと
メモ魔熊楠の膨大な資料を保存したのは、長女の熊楠文枝。保存するって大事。

民俗学者・植物学者である南方熊楠（みなかたくまぐす）（1867-1941）は、猫好きで有名です。しかし、熊楠と猫の実際の関わりについては、これまできちんと紹介されてきませんでした。

郷里和歌山に残された多くの猫のスケッチに注目した熊楠研究者４人は、2015年に南紀白浜の南方熊楠顕彰館で企画展「熊楠と猫」を開催。本書はこの４人が編者となり、企画展で収集した熊楠の日記、書簡、俳句、論評、スケッチを通して、熊楠と猫の関係を紹介したものです。

熊楠は多くの猫を飼いましたが、ほとんどの猫を「チョボ六」と名づけました。絵の中の猫はのびのびして、愛情を注がれていたのがわかります。眠る「チョボ六」の絵は何度も描かれており、この絵へのお礼金は、一家の経済的ピンチを救いました。水木しげるの漫画『猫楠』(講談社 1991年)にも熊楠と猫のことが描かれています。(は)

■熊谷守一の猫

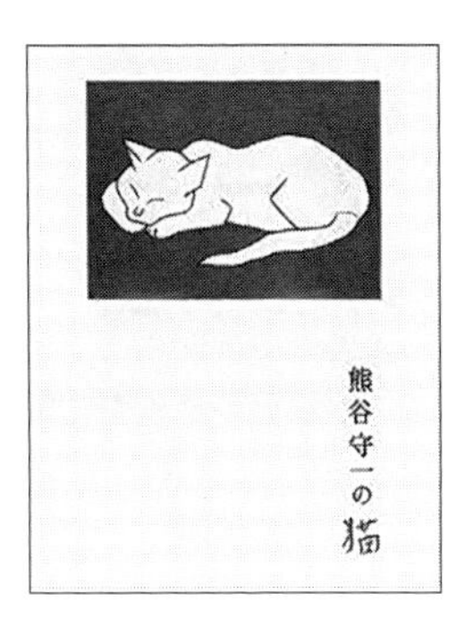

◆熊谷守一 著
◆求龍堂　2004年　127p
◆ NDC：723.1

☆司書のおすすめひとこと
生きものを愛し描き続けた熊谷守一の猫の絵の数々を、自身のひと言とともに味わえる。

「動物や虫はなんでも大好き」という画家、熊谷守一（くまがいもりかず）（1880–1977）。いつの時代、どこに暮らしていても、そばには「いつも猫がいました」とも。そんな熊谷が、油彩、水墨、スケッチと、およそ四半世紀にわたって描いた猫たちの絵に、猫について語ったひと言も添え、詩画集風に仕立てた1冊。

カラー図版73点を収録。長男の熊谷黄は、巻末に寄せたエッセイ「父と家族と猫」で、「父の猫への接し方は飼うのではなく」「猫の身になってくらしやすい環境をつくることに心をくだいていた」と回顧しています。背を丸め目を閉じてまどろむ猫、ぴんと耳を立て丸い目でこちらを見つめる猫。その飾り気のなさは、熊谷が猫をともに暮らす「家族」とみていたからなのかもしれません。『熊谷守一：気ままに絵のみち』（別冊太陽）（平凡社　2005年）も合わせてどうぞ。（阪）

■猫の本：藤田嗣治画文集

◆藤田嗣治 著
◆講談社　2003年　95p
◆NDC：723.1；723.35

☆司書のおすすめひとこと
巻末の写真、友人の子供と二人で猫の絵を描いている藤田の姿はかけ値なしに楽しそう。

「藤田嗣治(つぐはる)と言えば猫である」。解説の冒頭で、美術評論家・高階秀爾(たかしなしゅうじ)はこう言い切ります。画家藤田嗣治（1886-1968）が駆け出しの不遇な時代、パリの石だたみを歩いての帰り道、足にからみつく野良猫を拾って以来、彼の生活の中にいつもいた猫。「仲間であり、友人であり、家族」であると同時に、それは画家お気に入りの絵の題材となります。横たわる裸婦の足元で澄ましている猫。少女に抱きしめられて満足げな猫。画家の肩に乗り、腕にたわむれる猫。そして、柔らかな毛並みの感触や体温も伝わってくるような、猫たちの素描。

『藤田嗣治画集：素晴らしき乳白色』（講談社　2002年）に未収録の作品を中心に約90点の絵、130匹あまりの猫たちを1冊に集めたこの本には、作品解説がありません。その代わり、合い間合い間に自伝『巴里の昼と夜』（世界の日本社　1948年）などから引用した猫にまつわるエッセイと、猫を抱くにこやかな藤田の写真がちりばめられ、見る人がそれぞれに、自由に感じ取り、思いを巡らせられるような造りになっています。「藤田の猫」決定版というべき画集です。

同じテーマを違う角度から扱った本をもう1冊。

▽『猫と藤田嗣治 = Cats and Léonard Foujita』藤田嗣治［画］　浦島茂世 文　荒堀みのり ネコ研究者（エクスナレッジ　2019年）

こちらに収録された作品は34点。1冊目とは対照的に、それぞれの絵に描かれた猫の描写の特徴や、絵画展への出展記録、猫とともに描かれているモデルなどから、その時藤田の置かれていた状況、時代背景や心境をあぶり出すような詳細な解説が記されています。

1930年代、中南米を旅行していた頃の、ディエゴ・リベラやシケイロスによる「メキシコ絵画運動」に影響を受けた、藤田の代名詞である「乳白色」とは対照的な強い色調の作品も紹介されています。絵画的考察のほかに、「ネコ心理学者」による描かれた猫たちの「仕草解説」がついていて、硬軟取り混ぜて楽しめます。

監修はポーラ美術館の内呂博之。なお神奈川県箱根町にあるポーラ美術館は、藤田の作品コレクションを所蔵しています。（阪）

■ねこたち：猪熊弦一郎猫画集

◆猪熊弦一郎 画
ilove.cat 企画・編集
◆リトルモア　2015年
1冊（ページ付なし）
◆NDC：723.1

☆司書のおすすめひとこと
世界的な抽象画家が近しく感じられる。猪熊ワールドの入口として。

香川県の丸亀市猪熊弦一郎現代美術館（MIMOCA）で企画展「猫達」が開催された際、出版された画集。丸亀在住だった猪熊弦一郎（1902–1993）、「多いときには1ダースも飼っていた」とギャラリートークのネタになるほど、猪熊夫妻の生活は猫と共にありました。群れて暮らしているからこそ猫たちは自由にのびやかな姿を見せていたことでしょう。

その姿を切り取ったようなスケッチから、猪熊らしくデザイン化した作品まで、多様な猫たちが690匹も溢れています。巻末のリストによると20㎝に満たない小さなスケッチも多く、思い立てばいつでもメモや紙の端っこにでも描き始める猪熊の姿が見えるよう。猫への愛、いきものとしての尊さやそれを描く難しさを語ることばさえも、作品の一部のようにデザインされています。掲載の5篇の詩は谷川俊太郎による書き下ろしです。（ひ）

■みんな猫である　（玄光社 mook）

◆和田誠 著
◆玄光社　2013 年　175p
◆ NDC：726.5

☆司書のおすすめひとこと
猫と人、猫を介して広がる和田誠(1936-2019) のやさしい猫の世界は私たちを魅了します。

グラフィックデザイナー、イラストレーターとして活躍し、丸谷才一、谷川俊太郎、村上春樹、宮沢賢治等の多くの作家の挿絵を担当した和田誠が描いた、1 冊みんな猫の絵の作品集。扉絵は飼い猫シジミの足跡を図案化、絵本『ねこのシジミ』（ほるぷ出版　1996 年）には入らず本書が初登場。

書籍のカヴァー作品を並べると多くの猫を描いたことに改めて気づき、朝日新聞連載・三谷幸喜の挿絵や 1977 年から始めた『週刊文春』表紙には、和田家の猫、野良猫、置き物の猫等、多くの猫に著者自身がみんな懐かしいと語ります。猫好きの村上春樹の翻訳ライブラリーのマークや、猫に関する版画等の展示もあるお店のマーク等、猫を介してつながった作品も。本だけでなくポスターから震災チャリティ・イラストレーションまで 300 点以上の作品と自作俳句と描きおろしもあり。（も）

■デズモンド・モリスの猫の美術史

◆デズモンド・モリス 著
　柏倉美穂 訳
◆エクスナレッジ　2018年　247p
◆NDC：720.2

☆司書のおすすめひとこと
よくぞこんなに集めましたね、と驚嘆するしかない。さすが学者で画家のモリス。

デズモンド・モリスは、『裸のサル』がベストセラーとなったイギリスの動物行動学者。猫に関する著作も複数ある彼のもう一つの顔は、シュルレアリスムの画家。そんな彼が御年89歳にして妻ラモーナの協力を得、「並はずれた大作業」で完成させたのがこの本です。

古代から現代まで。神として、悪魔として、愛する対象として。名のある画家から「これまで出版されたことのない、新たな、しかも好奇心を刺激する絵」まで。写実画、寓意画、風刺画。民族手芸、古典的名画、商業絵画、ストリートアート。様々な時代、地域、分野から選ばれた作品は134点、国は20余り。そのひとつひとつに画家や時代背景の紹介、そして学者らしく「なぜこの猫はこう描かれたのか？」の細かな考察が記されています。見て楽しく、読んで楽しく、わくわくする1冊です。(阪)

猫カフェ

大佛(おさらぎじろう)次郎記念館訪問記

　横浜・港が見える丘公園にある、白いアーチ形の窓が赤レンガに映える瀟洒(しょうしゃ)な建物が大佛次郎記念館です。歴史小説など多くの作品を遺した作家大佛次郎（1897-1973）の業績と生涯を様々な資料で紹介している記念館で、所蔵していた猫の置物も数多く展示されている、とホームページにありました。訪問した時は企画展示「コンとコトン～大佛夫人と白猫ものがたり」が開催中でした。館内に足を踏み入れると、猫・ネコ・ねこ！！！な暮らしぶりであったとわかる空間が広がっていました。大佛次郎だけでなく、酉子(とりこ)夫人の猫好きな様子と、二人の仲睦まじさも伝わってきました。

　事前に申し込んだ展示解説では、企画展にまつわるお話を伺いました。「コン」は奥様の愛称、「コトン」は夫人によくなついていた大佛家の白猫の名前。結婚後、お互いを「コン」と「マリ（フランス語で夫のこと）」と愛称で呼び合っていたこと。コトンの両親はどの猫なのか等々……展示をより楽しめる話である以上に、職員の方々の“大佛次郎愛”も熱く伝わったこともあり、大佛次郎をより身近に感じられる時間となりました。館内のそこかしこにいる「猫」たちに会いに再訪したいと思います。（2021年3月20日訪問）（え）

大佛次郎記念館
〒231-0862 横浜市中区山手町113
TEL：045-622-5002
FAX：045-622-5071
http://osaragi.yafjp.org/

■こねこのぴっち　（岩波の子どもの本）

◆ハンス・フィッシャー 文・絵
石井桃子 訳
◆岩波書店　1954 年　59p
◆ NDC：943（絵本）

☆司書のおすすめひとこと
ロングセラーの「岩波の子どもの本」版『こねこのぴっち』。その良さを見直しました。

ぴっちはある日、いつもと違う遊びをしたくなって、ひとりで出かけます。いろいろな動物に出会っていくうち、ピンチに陥ったぴっちは…。冒険心と愛情いっぱいのお話です。

スイスの画家ハンス・フィッシャー（1909–1958）がわが子のためにつくった絵本は、児童文学作家石井桃子（1907–2008）により読み聞かせに理想的な文に訳され、「岩波の子どもの本」版として長年愛されてきました。どこか懐かしくおしゃれな絵は、原著と異なる縦書きに合わせ、見やすくなるよう配置が工夫されています。見開きにおおむね絵が 1 枚で、読み聞かせの際、お話に集中できそうです。

1987 年に出版された大型絵本版では、多数の箇所で訳文の改善が見られます。また、横長の本の見開きに絵が 2 枚のスタイル。原著に準じた絵を楽しめます。

「岩波の子どもの本」版は 2001 年に改版され、大型絵本版と同じ訳文になりました。（た）

■ 100まんびきのねこ（世界傑作絵本シリーズ）

◆ワンダ・ガアグ 文・絵
いしいももこ 訳
◆福音館書店　1961年　31 p
◆NDC：933（絵本）

☆司書のおすすめひとこと
ページいっぱいの猫とおじいさんの表情が、独特な世界観で迫ってきます。

今ではだれもが気軽に手にすることのできる絵本ですが、現在の形態となり普及しはじめたのは1920年代といわれています。世界中で優れた絵本が数多く出版されたこの「絵本の黄金期」の代表的作家が、米国のワンダ・ガアグ（1893–1946）です。

1928年に出版された本書は初の本格的絵本として多くの子ども達を魅了してきました。おはなしは、猫が欲しいというおばあさんのために猫を探しに出かけたおじいさんが、いちばんきれいな猫を探すうち決められなくなり、何千何百もの猫を連れ帰り、困ったおばあさんがある方法でこの事態を収めるというもの。その方法も結末も予想を超えダイナミックで昔話のような力強さがあります。

楽しい展開、石井桃子訳のリズミカルなことば、版画のようなモノトーンの挿絵が魅力のニューベリー賞受賞作品は、一度は読んで欲しい絵本です。(磯)

■いたずらこねこ　（世界傑作絵本シリーズ）

◆バーナディン・クック ぶん
　レミイ・シャーリップ え
　まさきるりこ やく
◆福音館書店　1964年　48p
◆NDC：933.8（絵本）

☆司書のおすすめひとこと
シンプルなストーリーのなかに漂う、子猫とカメの緊張感に驚き！

初めてカメをみた好奇心旺盛な子猫。早速いたずらを仕かけますが、頭をたたくと頭がひっこみ、甲羅をたたくと足がひっこむカメに大仰天！ 形勢は逆転し、子猫はカメにじりじりと追い詰められていきます。カメは、マイペースにやりたいことをやっているだけなんですけどね（笑）。

背景は始めから終わりまで、小さな池と柵のみ。それがかえって２匹の動きを際立たせます。

大人が読むと、とてもシンプルな話なのですが、子どもは子猫と自分を同化し、ぴーんと糸を張りつめたような、２匹の緊張感ある駆け引きに息をのんで入り込みます。その感覚を子どもと共有したとき、大人もこの絵本の持つ魅力に気づくことができると思います。

米国での初版は1956年、日本では1964年以来刷りを重ねている名作です。幼児から小学校低学年頃までの読み聞かせにピッタリです。（砂）

■こねこのハリー（世界傑作絵本シリーズ. アメリカの絵本）

◆メアリー・チャルマーズ 作
　おびかゆうこ 訳
◆福音館書店　2012 年　30p
◆ NDC：726.6　(絵本)

☆司書のおすすめひとこと
二足歩行で人間の言葉を話す猫！こんな猫のいる世界が本当だったらいいのに。

散歩の途中で立ち話を始めたお母さんを待つ間、退屈した子猫のハリーは大きな家の屋根に登ると、降りられなくなってしまいます。はしご車が出動し無事に助けられたハリーは、嬉しくていつまでも消防士さんに手をふります。すると、お母さんは、消防士さんに投げキッスをしたら？ と言いますが……。

子どものことは急かすのに自分はよその奥さん猫（？）と立ち話。消防士のもとを立ち去りがたく思っていると、投げキッスを強要。子どもの立場に立ってみると、母親のなんと勝手なことか。ハリーは猫だけど、社会の中の子どもの姿そのものです。素朴な鉛筆画がハリーの気持ちを十分に伝えてくれます。

ハリーのシリーズは『ハリーびょういんにいく』『まっててねハリー』『ハリーのクリスマス』と全部で４冊、みな小型でかわいくて色もおしゃれな絵本です。(千)

■ミスターワッフル！

◆デイヴィッド・ウィーズナー 作
◆BL 出版　2014 年　32p
◆NDC：726.6（絵本）

☆司書のおすすめひとこと
ワッフルのモデルは作者のおうちにいる実在の猫。では宇宙船も本当に来たのかしら??

ワッフルがみつけたお気に入りのおもちゃ、実は小さなホンモノの宇宙船!!　ワッフルがじゃれたせいであちこちが壊れ大ピンチ！ 乗っていたちいちゃなヒト（?）たちを助けてくれたのはアリとテントウムシでした。彼らの力をかりて宇宙船を直し、ワッフルにつかまることなく飛び立つことができるのでしょうか!?

米国の作家ウィーズナーの描く猫・ミスターワッフルは、そのしなやかな動きや獲物を狙う目つき、宇宙船を咥えて運ぶ様等々、リアルな猫そのものとして登場します。

また、この絵本の大きな特徴は、ニンゲンが理解できる言葉が極端に少ないことです。猫のワッフルが話さないのはもちろん、ちいちゃなヒトと虫たちはそれぞれの言語で会話しており、その分、絵を見てストーリーを想像する楽しさを満喫できます。2014 年米国コールデコット賞オナーブック。(え)

■みみずくと３びきのこねこ　新版

◆アリス・プロベンセン、
マーティン・プロベンセン
さく
きしだえりこ やく
◆ほるぷ出版　2020年
1冊（ページ付なし）
◆ NDC：726.6；933.7（絵本）

☆**司書のおすすめひとこと**
個性豊かな猫たちだけでなく、みみずくのこともわかります！

激しい風が吹いて、かえでがおか農場にある木が吹き倒され、木のうろから小さなみみずくの赤ちゃんが出てきました。農場でみみずくの子は少しずつ成長していきます。

話は変わって、農場には、大きくて人懐こいデカオ、道に捨てられていたノラコ、お隣からもらったシャム猫のウェブスターという個性豊かな猫たちがいます。それぞれ性格も、好きな食べ物も、好きな場所も違います。みみずくや猫の生態がわかる絵本です。米国人夫婦の作品の日本語版初版は1985年、ほるぷ出版50周年記念の新版が本書。（昌）

■ねこのくにのおきゃくさま　（世界傑作絵本シリーズ）

◆シビル・ウェッタシンハ さく
まつおかきょうこ やく
◆福音館書店
1996年　35p
◆ NDC：726.6　（絵本）

☆**司書のおすすめひとこと**
猫の国の猫たちはみんな働きもの……あら？私の知っている猫と違うぞ？

「ねこのくに」の人たちはみんな働き者で、楽しむことを知りません。けれども、海の向こうからやってきた、見たこともない姿の人たちが、猫たちに音楽と踊りという楽しみをもたらしました。不思議な衣装にお面で顔を隠したお客様は、とうとうねこのくにの御殿に招かれ、王様の前で音楽と踊りを披露しました。音楽と踊りを楽しんだ猫たちにお面を取ってと言われたお客様は…。

これはスリランカの女性絵本作家による作品です。ねこのくにの人たちの衣装や景色に、南アジアの文化が見て取れます。（こ）

■スキーをはいたねこのヘンリー（ねこのヘンリーシリーズ）

◆メリー・カルホーン 文
エリック・イングラハム 絵
猪熊葉子 訳
◆リブリオ出版　2002年
1冊（ページ付なし）
◆ NDC：726.6　（絵本）

☆**司書のおすすめひとこと**
賢くて勇敢なシャム猫の冒険譚。凛々しい表情に注目です。

後ろ足で立つことが得意な猫のヘンリーは、ある日家族とでかけた雪山に置いてきぼりをくってしまいました。降り積もる雪の上を歩くのは難しく、ここから脱出するにはスキーしかありません。そばには小さなスキー板があり、からだは温かな毛皮に包まれ、支度はばっちり。さてヘンリーは家族の元へ帰れるでしょうか。

米国の絵本作家と画家のコンビは、ボストングローブ・ホーンブック賞始め数々の絵本賞を受賞。初版は佑学社1989年刊、その後リブリオ出版からの復刊の際にシリーズ4冊が揃いました。（オ）

■キャッテゴーリー

◆エドワード・ゴーリー 著
◆河出書房新社　2003年
1冊（ページ付なし）
◆ NDC：726.6（絵本）

☆**司書のおすすめひとこと**
とぼけた猫と隠れた数字だけの絵本。なのに、優しくて、奥深い♪

著者はアメリカの絵本作家。猫と、1から50まで数字が出てくる、ただそれだけの文字無しの絵本です。一読するだけだと、「これだけ？なにこれ！」と不満も言いたくなります。でも、なぜか気になってページをめくっていくと…。例えば、一輪車に逆さまに乗って大丈夫かなあと心配したり、梯子に宙ぶらりんになってどこまで行くんだろう？など、感じたり思うことは人さまざま。一度だけ漢数字が出てきて、思わず口元がほころびます。ただそれだけで読者を魅了するゴーリーの世界をお楽しみください。（高）

■このねこ、うちのねこ！

◆ヴァージニア・カール 作・絵
　こだまともこ 訳
◆徳間書店　2018年
　1冊（ページ付なし）
◆ NDC：726.6（絵本）

☆**司書のおすすめひとこと**
自分の家の猫が近所の家で、別の名前で呼ばれていないですか？

自分だけの家が欲しくて旅に出た小さな白猫。やがて丘のふもとの7軒しか家がない小さな村にたどり着きました。1軒目の家ではメリンダ、2軒目ではミランダというようにそれぞれの家で名前をつけてもらい、みんなの飼い猫になりました。ところがある日、役人が国中のねずみが増えすぎたのでどの家も猫を飼わなくてはいけないと法律で決まったと、飼い猫の調査にやってきました。村で猫はこの白猫1匹だけ。そこで村の人たちが考え出した方法とは…。米国生まれで美術と図書館学を学んだ著者の本。（ふ）

■ 11 ぴきのねこ

◆馬場のぼる 著
◆こぐま社　1967年　40p
◆ NDC：721.8（絵本）

☆司書のおすすめひとこと
11ぴきの猫のへこたれない逞しさは、世界を救うのではと思えてしまいます。

“えほんをよんで、いい子に育てよう”なんて大人がいたら、この本は絶対に子どもに読んではいけません。

とらねこたいしょうと10ぴきのねこたちは、いつもはらぺこ。みつけた魚を仲良く11ぴきで分けていると、山の向こうの湖に大きな魚がいると、じいさんねこに教えてもらいます。11ぴきのねこたちは力を合わせ、失敗しながらも知恵を絞って大きな魚を仕留めます。最後にびっくりするオチがあるこの本は大人気となりシリーズ化されました。

読むとコロッケが食べたくなる『11ぴきのねことあほうどり』(1972年)、ぶたの家に勝手に住みついてしまう『11ぴきのねことぶた』(1976年)、ダメといわれるとしたくなる子ども心を表している『11ぴきのねこふくろのなか』(1982年)、ジグソーパズルや切手にもなった『絵巻えほん11ぴきのねこマラソン大会』(1984年)、へんなねこの正体が気になる『11 ぴきのねことへんなねこ』(1989 年)、最後は恐竜の子どもの成長がほほえましい『11 ぴきのねこどろんこ』(1996 年）と、1967 年から 1996 年と実に約 30 年にわたり出版されてきました。

出版社のこぐま社では、かるたや文具などのグッズも販売しています。また、著者馬場のぼる（1927–2001）のふるさと青森県三戸(さんのへ)町では、「11 ぴきのねこ」で町おこしをしています。ふるさと納税の返礼品には非売品の「11 ぴきのねこ」グッズを作っていたり、「11 ぴきのねこ」のイラスト入りオリジナル婚姻届を出すと、オリジナル認証ケースにいれてプレゼントしてくれます。

三戸郵便局では毎月第 3 日曜日は「ミャンのへ郵便局」として開局しねこ局長が勤務して、毎年 2 月 22 日のねこの日には、頼むと小型記念通信日付印の押印もしてもらえ、ねこ局長のツイッター（@ NECOKYOKUTYOU）で最新情報も得られます。

何かを企んでいるときは、いつもみんなでニャゴニャゴニャゴ。「ばかな子ほどかわいい」的な、やんちゃでどうしようもない子を「あーあ、またやっちゃった。まったくもう」と笑いながら許してしまう、無敵なかわいさなのです。(苺)

■ことらちゃんの冒険

◆石井桃子 お話　深沢紅子 画
◆河出書房新社　2015 年
　1 冊（ページ付なし）
◆ NDC：726.6　(絵本)

☆司書のおすすめひとこと
児童文学者石井桃子（1907-2008）が描く猫。冷静な筆致ながらその眼差しは愛情に溢れています。

　虎そっくりの模様が自慢で大胆不敵な子猫のことらちゃんが、日々騒動を起こします。子どもらしい勘違いや失敗も多いことらちゃんを、母猫や飼い主の家族らがあたたかく見守り、最後はいつもハッピーエンド。そんな楽しい絵本です。

　この本は、雑誌『婦人之友』の連載をもとに 1971 年に婦人之友社より出版された絵本の復刊です。絵を描いた深沢紅子とのコンビでは、『山のトムさん』もよく知られています。石井の実体験をもとにした、家族と猫の山暮らしの物語で、こちらもおすすめです。深沢の描く猫には独特の愛らしさがあり、さっぱりとした石井の文章と相まって作品の魅力を高めています。

　他に石井桃子が書いた猫の絵本に、『ちいさなねこ』があります。家から一歩飛び出すと、小さな猫には危険がいっぱい。好奇心旺盛な子猫の大冒険を描いています。(千)

■ぼりぼりにゃんこ（にゃんこちゃんえほん）

◆ひがしくんぺい え・ぶん
◆復刊ドットコム　2014年
　1冊（ページ付なし）
◆NDC：726.6（絵本）

☆司書のおすすめひとこと
はなくそをほじる猫のワルっぷりがたまりません。

はなくそをほじって捨てるぼりぼりにゃんこのところに、アリがはなくそをもらいに来ました。気前良くほじったはなくそをあげていたにゃんこですが…。『べたべたにゃんこ』『にげにげにゃんこ』『いやいやにゃんこ』等の「にゃんこちゃんえほん」シリーズの1冊。お行儀の悪い猫がアリの大群に押しかけられて、最後にちょっぴりひどい目に遭うところが子どもだましでなくて良いです。猫のとぼけた表情も何とも味わい深いです。初版は実業之日本社1966年刊で、小学館1994年再刊の復刊が本書。

46歳で急逝した東君平（1940–1986）は自身も猫を飼っていたこともあり、猫が登場する著作が多数あります。東家で飼われていた猫の「のぼる」が主人公のファンタジー『のぼるはがんばる』（金の星社1978年刊・絶版）もおすすめです。こちらは是非お近くの図書館でお読みください。（ふ）

■なにをたべたかわかる？

◆長新太 作
◆絵本館　2003 年
　1 冊（ページ付なし）
◆ NDC：726.6　(絵本)

☆司書のおすすめひとこと
ナンセンス絵本の長新太ワールド大全開！ねこはからだが丈夫なんだね、きっと。

ねこが大きな魚をつりました。重くて大変、ねこはかついで歩きます。ねずみがびっくりして見ていると、ねずみは魚に食べられてしまいました。ねこは知らないんだよ。うさぎも犬もたぬきもやってきて、はい、魚に食べられてしまいました。魚はどんどん大きくなり、ねこはついにきゅーっとつぶされてしまいます。魚がどうして大きくなったのか、ねこにはわかりません。それどころか、ねこは突然……。

長新太（1927–2005）が描くと猫も魚もナンセンス、2 色で描かれた小さな絵本は衝撃的な内容です。ぺろりでもぐもぐ魚に簡単に食べられてしまいながら、最後はどうなっちゃうのかな？ ワクワクがとまりません。タイトルの答えを探しつつ、最初に戻って繰り返し読みたくなります。絶版になった 1977 年銀河社版の装丁を一新した復刊です。(も)

■おれは ねこだぜ （佐野洋子の絵本）

◆佐野洋子 作・絵
◆講談社 1993 年 39p
◆ NDC：726.6（絵本）

☆**司書のおすすめひとこと**
シュールでナンセンス！ くるくる変わるねこの表情がたまりません！

なによりも、魚が好きなねこのお話です。魚の中でもサバが大好き。お昼ご飯にサバを食べたねこは、散歩の間中、今夜のご飯もサバにしようと考えていました。するとそこへ、ねこめがけてサバが飛んでくるではありませんか！ 驚き、逃げて、ほっとして、また驚いて逃げる、そんなねこの表情に注目です。

作中で何度も繰り返される「おれは ねこだぜ！」のセリフの後には「なにか文句があるのか！」とでも聞こえてくるようです。ナンセンスなユーモアは、大人が楽しむにふさわしい 1 冊。初版は偕成社 1977 年刊。

絵本やエッセイなどねこの登場する作品が多い著者佐野洋子（1938–2010）。どのねこも可愛らしさとは程遠く、ふてぶてしさや厚かましさ、何事にも無頓着な様が、著者の鋭い観察眼によって描かれています。代表作『100 万回生きたねこ』（講談社 1977 年）は対極の内容です。（石）

■ひとのいいネコ

◆田島征三 絵
南部和也 文
◆小学館　2001年
1冊（ページ付なし）
◆NDC：726.6　（絵本）

☆**司書のおすすめひとこと**
「ひとだすけができればうれしいのです」このネコを見習いたい？

ホルスはとてもひとのいいネコです。ある日、1匹のお腹が空いたノミがホルスに血を吸わせてほしいと頼みます。少しだけと答えると、ノミはホルスの背中で血を吸いました。人助けが嬉しいホルスの背中は少し痒くなりました。次の週、ノミは卵を十個うみます。またあのノミと十匹の子どもノミに会ったホルスは、子どもノミにも血を吸わせます。子どもノミは十個ずつ卵をうみます。絵本作家田島征三と猫専門の獣医南部和也による、とことんお人よしの猫とノミが増え続け背中が少しだけ痒くなる絵本。（も）

■ねえだっこして

◆竹下文子 文
田中清代 絵
◆金の星社刊　2004年
1冊（ページ付なし）
◆NDC：726.6　（絵本）

☆**司書のおすすめひとこと**
猫の目線で描くお母さんへのいじらしい思いにほろり。

幼い心でお兄ちゃんやお姉ちゃんになった子の気持ちを、ネコの視点で描きます。ちょっぴり嫉妬しながらも、赤ちゃんのためにお母さんに甘えたい気持ちをぐっとこらえてがんばる様子が、いじらしくてきゅんとします。しっかり者の上の子の気持ちになって読むと切なくなり、お母さんの視点で読むとハッとさせられます。「たまにはだっこして」という小さな願いに込められたお母さんへの愛情は可愛らしく、読んだ後に大切な人をぎゅっとしたくなるかもしれません。こころが温かくなる1冊です。（58）

■まんまるがかり

◆おくはらゆめ［作］
◆理論社 2010年 31p
◆NDC：726.6；913
（児童書）（絵本）

☆**司書のおすすめひとこと**
こどもでも大人でも、少し落ち着かない気分の時におすすめの絵本。

主人公は4歳のオスねこ、名前はハナマルです。ハナマルが玄関や居間にいると、おじいちゃんやあやちゃんに「まるい」「まんまる」といわれます。ハナマルが庭でもっとまあるくなっていると、だんごむし達から「おやぶん」とよばれてうれしくなったり。「まんまるがかり」のハナマルのまるいカタチを見ていると、こちらの心もなんだか「まあるく」なってくる気がするから不思議です。巻末の見開き頁に「まんまる体操」の譜面があります。ぜひ歌いながらみんなで一緒に体を動かしてみましょう。(SK)

■ヤマネコ毛布

◆山福朱実 作・画
◆復刊ドットコム 2015年 1冊（ページ付なし）
◆NDC：726.6 （絵本）

☆**司書のおすすめひとこと**
旅立つあなたと見送る君へ。毛布にたくさんの思い出をこめて。

旅に出ることを決めたヤマネコ。ハリネズミは森の仲間に布とハリを配り、思い出を刺繍することに。旅立ちの日、サル、クマ、トラ、カワウソ、オオカミ、みんなが刺繍した布をつなぐと、暖かそうな毛布ができました。広げるとたくさんの思い出がこぼれてきました。

新たな一歩を踏み出す人に贈りたい山福朱実の温かい木版画の絵本。旅立つヤマネコとそれぞれの思いで見送る仲間たち。2007年パロル社刊が復刊ドットコム「ずっと残したい絵本」シリーズで復刊。あなたの背中もそっと押してくれます。(も)

■ヨクネルとひな

◆LEE 文　酒井駒子 絵
◆ブロンズ新社　2015年
1冊（ページ付なし）
◆NDC：726.6（絵本）

☆**司書のおすすめひとこと**
ちいちゃな子ねこがうちに来たら、何から用意しましょうか？

ひなちゃんの家にやってきたちいちゃな子ねこ。名前をどうしようか考えていたら、姿が見えなくなってしまいました！子ねこを探しながら、ひなちゃんは不安になってしまいます。さて、子ねこはどこにいたのでしょう。そして名前は？

表紙の子ねこのポヤポヤの毛並みと足の細さ、そして青い目……本物の子ねこをそのままに書き写したかのような姿が印象的です。お母さんよりちいちゃなひなちゃんと、二人よりずっとずっとちいちゃな子ねこが、これからどんな時間を過ごしていくのかが楽しみになります。（え）

■私はネコが嫌いだ。

◆よこただいすけ さく・え
◆滋慶出版／つちや書店
2016年 1冊(ページ付なし)
◆NDC：726.6　（絵本）

☆**司書のおすすめひとこと**
はじめて動物を飼う戸惑いを思い出します。ラストはほろり。

娘が拾ってきた猫と不本意ながら暮らし始めるお父さん。初めて迎え入れた猫の傍若無人な振る舞いに憮然とするお父さんですが、手がかかる小さな生き物を放っておくことはできません。「私はネコが嫌いだ」と繰り返しながらもお世話をするお父さんと猫の距離は縮まるのでしょうか。時が過ぎて猫とのお別れが近づいた時お父さんはどうなるのでしょう。動物を飼ったことがある人には共感するところが多いと思います。ダイナミックな絵と少なめの文章でさらりと読めて泣ける1冊です。2007年新風舎刊の復刊。(58)

■あおい目のこねこ（世界傑作童話シリーズ）

◆エゴン・マチーセン 作・絵
瀬田貞二 訳
◆福音館書店　1965 年
112p
◆ NDC：949　(絵本)

☆**司書のおすすめひとこと**
子どものうちに一度手に取ってほしい、世代による読み取り方の違いが面白い本。

青い目のこねこは、ねずみの国を探しに出かけます。どこにあるかはわかりませんが、そこに行けばねずみは食べ放題。もう一生お腹を空かせることはありません。青い目を笑われても、意地悪されても気にしません。元気に前に進んでいきます。

デンマークの作家エゴン・マチーセン（1907-1976）の作品で､原書刊行は 1949 年。翻訳後もずっと、世代を超えて読み継がれている本です。子どもは、お腹いっぱい食べる喜びや、あるがままの自分でいてもいいのだという安心感、前に進むワクワク感をこの本から得るようです。(笹)

■どっせい！ねこまたずもう（ポプラ社の絵本）

◆石黒亜矢子 作・絵
◆ポプラ社　2018 年　36p
◆ NDC：726.6（絵本）

☆**司書のおすすめひとこと**
百年に一度の大相撲は満員御礼！　腕に覚えのある力士が大集合 !!

ねこまた部屋のにゃんこのやまは、百年大相撲で勝ち続けている無双無敵（むそうむてき）の大横綱。本日の取り組みは、がまのぬまにはどっせい！と“うにゃてなげ”で勝ち。たこつぼまるはどっせい！と“つきにゃし”で下し、くじらのうみとはがっぷり組みあいどっせいと“うっにゃり”でかわし。次の一番、かっぱのさらには“かっぱのねこだまし”をくらうものの、“猫又だまし”でどっせい！と圧勝！そして最後の大一番は !?　さてさて、百聞は一見にしかず。負け知らずのにゃんこのやまの、華麗なる取り組みをどうぞ！（え）

■なまえのないねこ

◆竹下文子 文
　町田尚子 絵
◆小峰書店　2019年　32p
◆NDC：726.6（絵本）

☆司書のおすすめひとこと
あなたの名前を呼ぶ人はいますか？

　ひとりぼっちの猫には名前がありません。町のお店やお寺に住む猫はそれぞれ名前を持っています。自分で好きな名前をつければいいじゃないと言われて探しに行くけれど、どれも違います。だって、本当に欲しかったものは･･･雨の中出会った少女の優しい声と匂い。表紙のキジトラ猫のまんまるい瞳の問いかけに答えてあげてください。すべての猫に他者との温かい繋がりがありますように。見返しに描かれた沢山の猫達にはそれぞれ名前があります。みんな違ってて由来を知りたくなります。(墨)

■絵本原画ニャー！：猫が歩く絵本の世界

◆福永信 執筆・構成
◆青幻舎プロモーション
　2019年　159p＋1冊
◆NDC：726.6

☆司書のおすすめひとこと
付録にミニ絵本や猫絵本の年表、シールも付いた遊び心溢れる本。

　尾道、東京などで行われた同名の原画展の図録で、馬場のぼる、大道あや、町田尚子、加藤休ミら15組の作家による猫が登場する絵本の原画を収録。企画に関わった京都の出版社の刊行。観音開きのページを開くと原画の猫たちが目に飛び込んできます。原画には、モデルになった猫や建物、画材、絵本作家に関してのキラリとした文章が添えられます。これは「原画を少し外側から観察しよう」という試みだそうなので、じっくり観察しましょう。その後でもう一度絵本をめくると、また違う景色が見えてきます。(は)

猫カフェ

米どころ救った忠義な猫

私が勤務する図書館のある秋田県横手市平鹿町浅舞(ひらかまちあさまい)には、「忠猫(ちゅうびょう)」として知られる猫のお話があります。

明治時代の中頃、大地主の伊勢多右衛門は、飢饉に苦しむ農民たちのために米を蓄える蔵をつくりますが、大切な米が野ネズミに食い荒らされてしまいます。その野ネズミを退治し、米蔵を守ったのが1匹の猫だったことを知った多右衛門は、その猫を大切にし、13歳で亡くなったあと「忠猫大明神」として祀り、石碑を残しました。

これらのことを広く知ってもらおうと、地域の人々が「忠義な猫の会」をつくり活動を行っています。図書館では新聞や雑誌に取り上げられた記事をスクラップし整えて、地域資料として保存しています。町史などに記載のない事柄について新たにまとめ、残していく役割は図書館の使命です。地域の活性化が求められるいま、図書館の大切な仕事の一つとして収集し保存している様々な地域資料をきっかけに、何かが始まることに可能性を感じます。

地域のことは地域の図書館に聞け！が、当たり前になり、そのために必要な仕事を行い、頼られる司書でありたいと日々励んでおります。(石)

忠義な猫の会
Facebook: https://www.facebook.com/pietycat0503/

■こねこのしろちゃん

◆堀尾青史 脚本　和歌山静子 画
◆童心社　1983 年　12 場面
◆ NDC：779.8 （紙芝居）

☆司書のおすすめひとこと
ひさかたチャイルド社の絵本は紙芝居と少し内容が違いますよ。読み比べてみてください。

黒猫きょうだいの中で 1 匹だけ白いしろちゃん。みんなでかくれんぼして遊んでも白く目立つのですぐに見つかってしまいます。「ぼくもきょうだいのように、黒かったらいいのに」と、しろちゃんはどろんこになったりペンキをかぶったりして黒猫になろうとします。でもあれれ、大きくて真っ白な猫と遭遇しついていくと、なんとその猫はお父さんだったのです。しろちゃんは大喜び。どろんこになってお母さんに冷たい水で洗われる場面、お母さんに抱かれて 5 匹みんなで眠る様子がシンプルな絵の中に表情豊かに描かれています。

何と言ってもラストシーンのしろちゃんの幸せそうな表情がたまらなくいいんですよ。しろちゃんが他のきょうだいと違うことで悩む様子はきっと子どもたちの共感を呼ぶのでは。堀尾青史(1914–1991)脚本のこの紙芝居はロングセラーで、2008 年にはフランス語版も出ています。(み)

■ニャーオン

◆都丸つや子 脚本　渡辺享子 画
◆童心社　1990 年　12 場面
◆ NDC：913　（紙芝居）

☆司書のおすすめひとこと
第 29 回高橋五山賞奨励賞受賞作。小さい子だけではなく高齢者への上演も喜ばれそう。

1 匹の白い子猫が何かを見上げています。子猫の名前は“ニャーオン”。場面をめくるとニャーオンが見ていたものは美しく光る満月。ニャーオンは月を捕まえようと追いかけます。子どものころ、初めて月をみたときの不思議な感覚、もしかしたらニャーオンのように月を追いかけたことがある人はそんな記憶を懐かしく思い出すかもしれません。ニャーオンをどんな風に演じるかで場の雰囲気が変わります。ストーリーも絵もシンプルですが奥の深い作品です。

脚本・画とも同作者の黒い子猫が主役の『はるだよ、ニャーオン』(1995 年)、キジトラの子猫が主役の『ニャーオンのおるすばん』(年少向けおひさまこんにちは)（2003 年）も出版されています。なお高橋五山賞とは、教育紙芝居の生みの親である高橋五山（1888-1965）の業績を記念して 1962 年に設けられた紙芝居界の賞です。（み）

■猫びより：ちょっとお洒落な大人のねこマガジン　No.1-

2021年7月号より

◆辰巳出版　2000年 -

☆司書のおすすめひとこと
一流のプロの写真に有名人のインタビュー、女性誌顔負けの猫のお洒落な雑誌。

創刊は2000年に日本出版社からですが、2012年のNo.65より発行元出版社を辰巳出版に移管した隔月刊の雑誌。岩合光昭などの写真家のグラビアや著名人のエッセイや連載、海外トピックスやユニークな商品情報など、様々な形で「猫」の魅力を紹介しています。キャットフード会社とのコラボもあり、特別付録の号もありました。公式サイトでは次号予告・最新号・バックナンバーの記事を紹介して、記事中の商品を掲載･販売するサイトもあります。特集記事も「肉球礼賛」「猫と防災」「猫の本音」など毎回ユニーク。読者の広場や猫占いのコーナーもあり、猫のことならなんでもこれと、猫業界全般を極めた雑誌です。『猫びより』増刊号から始まった雑誌『ネコまる』は、『猫びより』とは目線を変え、読者投稿の写真、エッセイ、イラストなどを中心に掲載しています。(高)

■ねこ新聞 ＝ The cat journal：月刊　No.1-

月刊 ねこ新聞社ロゴ

◆猫新聞社　1994年7月-

☆**司書のおすすめひとこと**
編集長夫妻のユニークさ、パワフルさがさく裂する猫づくしの新聞。

1994年創刊の『月刊　ねこ新聞』は、原口緑郎編集長、原口美智代副編集長夫妻が発行するタブロイド判の新聞です。8面（4ページ4色、4ページ2色）の紙面には、著名な作家、芸術家のエッセイや詩や画などが並びます。副編集長が2020年9月21日の日本経済新聞に寄稿した文章によると、お金もコネも経験もなかった創刊の頃は、猫好きと思われる作家にバックナンバーとお願い書を同封し、寄稿を依頼したそう。かなりの突撃ぶりですが、作家たちは寄稿してくれました。広告は掲載せず、購読料と寄付で発行しています。猫好きなら一度は見てみたいこの新聞。定期購読も、バックナンバーも猫新聞社のホームページから申し込めます。『ねこ新聞』に掲載された中から選んだエッセイ集『猫は迷探偵』や、詩画集『ねこは猫の夢を見る』も出版されています。（は）

猫カフェ

とある司書（ライブラリアン）の本音

「猫本」を紹介しておいて恐縮ですが、実は決して猫好きではなく飼ったこともありません。強いて言えば「生物」全般に興味がある、という程度です。しかし司書とは本来そういう「生物（イキモノ）」です。

司書は図書館で情報を扱う様々な仕事をしています。当然ながら扱う対象は決して個人的な好き嫌いに由来しているわけではありません。誰もが持っている個々の興味関心事、それこそ「猫」だけではなく「森羅万象」のテーマと向き合い、そのテーマの情報を必要としている人に、どうやってつないでいくかを考えること。それが司書の仕事です（と思っています）。

トショカンのひとは皆「本好き」で「ブンガク」が専門、と思っている人には「がっかり」されてしまうかもしれません。しかし、好きが高じてその分野のマニアだったり、専門家だったり、研究者だったりする人は、司書の数よりも、世の中には圧倒的に多いはずです。

様々な分野の知見をそれぞれが持ち寄り、また、それぞれが自分自身では気づかずに知らなかった情報と新たに出会い、分かち合うことができる。そんな場として、より多くの人に図書館を活用してもらえるようにするためにも、試行錯誤の日々は、永遠に続きます。(SK)

第5章 猫に親しむ

■キャッツ：ポッサムおじさんの実用猫百科

◆T.S. エリオット 著
　エドワード・ゴーリー 挿画
　小山太一 訳
◆河出書房新社　2015 年　91、3p
◆NDC：931.7（詩歌）

☆司書のおすすめひとこと
日本の鳥獣戯画の絵巻物を見るような、イギリス流絵巻の挿絵も楽しむ猫の詩集。

英国詩人 T.S. エリオット（1888-1965）が 1939 年に書いた子ども向けの詩集で、ミュージカル「Cats」の原作。15 編の詩に個性豊かな猫たちが登場します。ミュージカルには主要キャラクターである年老いた娼婦猫がいますが、子どもたちが読むには悲しすぎると、著者は詩集には収録しなかったとのこと。子韻を踏んだリズム感あふれる詩に、エドワード・ゴーリー（1925–2000）のモノクローム線画のイラストは、「大人のための絵本」を漂わせます。

猫の名前もそれぞれに意味があり、巻末の訳注から、作者の造語や旧約聖書や歴史上の人物などに因んだ言葉が沢山あることがわかります。子どもも楽しめるユーモラスな詩ですが、韻律を踏んでいるためか難しい漢字がしばしばでてきます。訳者あとがきにはミュージカルで復活した、年老いた娼婦猫「グラマー・キャット」の詩の断片も紹介されています。

元は同じ詩集ですが、訳者と挿絵が違う本が先に出版されています。

▽『キャッツ：ポッサムおじさんの猫とつき合う法』T.S. エリオット 著　池田雅之 訳　ニコラス・ベントリー さしえ（筑摩書房　1995 年）

２冊の本を比べてみると……ちょっとだけ違いを示しましょう。

まず小山太一の訳です。

「猫の名付けは実に厄介／遊び気分じゃまったく失敬／徒（あだ）おろそかな話じゃない／欠くべからざる三呼（さんこ）の礼（れい）」

これが池田雅之の訳だと、こんなふうに変身します。

「猫に名前をつけるのは、全くもって難しい。／休日の片手間仕事じゃ、手に負えない。／寄ってたかってこのわしを、変人扱いしとるけど、／いいかね、猫にはどうしても、三つの名前がひつようなんだ。」

挿絵の雰囲気も詩に合せて全く違います。ゴーリーの線描は研ぎ澄まされた品格を感じますが、ベントリーの挿絵はカラーで動きのある親しみ深さを感じます。

どちらを手に取るかはあなた任せ。これだけ訳に違いがあると、韻を踏んでいる原著を読んでみたくなりませんか？ 英国文化や地理を理解していたらもっと楽しめるかも。いやいや想像して読むのもまた楽しいことで、そこが読書の骨頂なのかも。ちなみに「ポッサム（袋鼠）おじさん」はエズラ・パウンドがエリオットにつけたあだ名です。（高）

■吾輩は猫である 新装版　上・下（講談社青い鳥文庫）

◆夏目漱石 作　佐野洋子 絵
◆講談社　2017年　2冊
◆NDC：913.6　(小説)（児童書）

☆司書のおすすめひとこと
ルビ（漢字のふりがな）は、子どものためだけにあらず。日本の名作を読むチャンスです♪

「吾輩は猫である。名前はまだ無い」の書き出しで始まる、猫の視点で人間を観察しユーモラスに社会を風刺した、文豪夏目漱石（1867–1916）の長編小説です。明治末に書かれた文章には、漱石の豊富な知識がさく裂した言葉がたくさん出てきます。書名を知ってはいても、読破した人は少ないかもしれません。でも、この文庫本は総ルビの上に、各ページに言葉の解説があり、いちいち辞書を引いての中断も不要。小学生上級からを対象にした本ですが、児童書、侮るなかれです。

佐野洋子の挿絵もニヒル。これを機に名著に挑戦してみてはいかがでしょう！　なお、漱石に限らず、著作権保護期間の切れた著者の本は、NDLデジタルコレクションやインターネット上の青空文庫の電子データでも読むことができます。国立国会図書館のNDLサーチを書名で検索すると、多くの本と関連する論文や記事がヒットします。(高)

■どんぐりと山猫 （宮沢賢治コレクション２ 注文の多い料理店）

（1924 年刊の初版本書影）

◆宮沢賢治 著
◆筑摩書房　2017 年　p15-26
◆ NDC：918.68（小説）

☆司書のおすすめひとこと
1921 年の作品『どんぐりと山猫』は、『注文の多い料理店』の巻頭に収録されています。

ある日山猫から、「めんどなさいばんをする」というおかしなはがきが届き、一郎は喜び勇んで山へ向かいます。面倒な裁判とは一番えらいどんぐりを決める裁判でした。どんぐりたちは自分が一番えらいと３日間も喧嘩していたのです。しかし一郎はうまい具合に解決します。

宮沢賢治（1896−1933）の文章は、登場する生き物が個性的に生き生きと描かれ、今の時代に読んでもみずみずしく情景が浮かび、言葉が心に染み渡ります。喧嘩するどんぐりたちを解決に導いた一郎の言葉、「このなかでいちばんばかで、めちゃくちゃで、まるでなっていないようなのがいちばんえらい……」。

それは、平和を愛し、自然を大事にする賢治の気持ちそのものだったのでしょう。この作品は現在全集、絵本、文庫、オーディオブックなど様々な形態で読むことができ、青空文庫にも収録されています。（み）

■猫と庄造と二人のおんな　（新潮文庫）

◆谷崎潤一郎 著
◆新潮社　2000年　149p
◆NDC：913.6（小説）

☆司書のおすすめひとこと
文豪谷崎潤一郎（1886–1965）が描いた、猫をめぐる一人の男と女二人との三角関係の隷属のシニカルコメディ。

猫好きな男と前妻と今の妻との三角関係に、リリーという老猫が密接に関わってくる日常を描いたたわいもない話。文豪作品と聞けば構えてしまいがちですが、そんな心配は不要です。嫉妬と隷属のテーマをちらつかせながら、関西弁でコミカルに、猫の気まぐれな存在に右往左往する人の滑稽さ、切なさ、いとおしさを描きます。それぞれの人物の心理描写や猫に振り回される様子は、今でも通じるユーモラスなドラマで、思わずページをめくりたくなるでしょう。不甲斐ない男はどうして育ったのか。タイトルには出てこない母親の脇役ぶりもさすがです。

1936年に雑誌『改造』に掲載され、1937年創元社から書籍化。新潮社の文庫版は中央公論社『谷崎潤一郎全集. 第14巻』(1967年)が底本。埼玉福祉会発行の大活字本も有り。映画やテレビドラマにもなっています。(高)

■ノラや　（中公文庫）

◆内田百閒 著
◆中央公論新社　1997年　328p
◆NDC：913.6；914.6（エッセイ）

☆**司書のおすすめひとこと**
夏目漱石門下の一人内田百閒（ひゃっけん）（1889–1971）の、飼い猫にまつわる随筆集。ペットロス小説のはしり!?

老境に差し掛かった頃、百閒は自宅に住み着いた野良猫の子を飼いはじめます。餌をあげるだけ、野良として飼うということで、付けた名前はノラ。飼っていくうちに、次第にノラに情が移っていく様子が細やかに描かれます。

ある日、突然ノラは失踪してしまいます。それほど関心を持っていなかったように見えた百閒は、周囲が驚くほど憔悴しきって、涙を流し、食べ物も喉を通らない状態で「ノラや、ノラや」と心配します。ノラの安否情報に一喜一憂する姿は胸が痛みます。

ノラがいなくなって、半月ほどたったころ現れたノラにそっくりな猫にクルツと名付け、飼うようになりますが、クルツも5年後に病死してしまいます。

百閒の異常なまでの猫愛を赤裸々に描いた、猫文学の名作です。1957年に文藝春秋新社刊行以降、各社から文庫化、CDもあります。(砂)

■猫のいる日々　（徳間文庫）

新装版

◆大佛次郎 著
◆徳間書店　2014年　384p
◆NDC：914.6　（エッセイ）（小説）

☆司書のおすすめひとこと
生涯で500匹の猫と暮らした文豪・大佛次郎。その文章には猫への温かい想いが溢れています

多くの文学作品を生み出し、その名を冠する文学賞もある作家・大佛次郎（1897-1973）は、生涯で500匹以上の猫と暮らし、猫を愛でる文豪の中でも稀代の猫好きといえるのではないでしょうか。

徳間文庫『猫のいる日々』は、1978年に六興出版から刊行された作品を再編集し、1930年から1972年までの間に新聞等に寄稿された随筆の他、小説、童話等が収録されています。冒頭の「黙っている猫」では、ものごころつく頃から生活の中に当たり前に猫がおり、死ぬ時もいるに違いない。猫は趣味ではなく、生活になくてはならない優しい伴侶……と記し、その随想からは猫へ向ける温かく穏やかな視線を感じます。その視線は、家の猫だけでなく、旅先で出会った猫へも向けられ、パリに逗留した際、日本から送られてきたタタミイワシをパリの猫に振る舞い、鼻にしわを寄せ喜び食べている様子も記しています。

猫の細かい仕草や行動を文章にしてきた大佛ですが、仕事部屋には生きている猫を入れず玩具や木彫りの猫を置いており、猫との程よい距離感を保ち暮していた一面を垣間見ることもできます。極端な猫嫌いから「度が過ぎてきた」猫好きに転じた酉子（とりこ）夫人とのやりとりには、ほっこりとした気持ちになります。

そんな大佛家の暮らしぶりを紹介するのは、大佛次郎記念館監修の『大佛次郎と猫：500 匹と暮らした文豪』です。記念館には大佛の没後横浜市に寄贈された資料とともに、様々な猫の置物なども収蔵され、それらの写真は本の中に掲載されています。コメントや随想の一節から、大佛自身の猫への視線や大佛家の猫にまつわるエピソードが満載です。また、大佛作品の挿画を描いた木村荘八（しょうはち）より形見わけされた浮世絵や「あそび絵」についての解説もあります。

また、数いる猫の中でも、特に可愛がっていた印象を受けるのは白猫です。絵本『スイッチョねこ』の主人公も「白吉（シロキチ）」。この童話は身の回りの猫を見ているうちに生まれてきたもので、「一代の傑作」と記しています。挿絵画家は『こども朝日』1964 年 10 月 1 日に掲載分は猪熊弦一郎（いのくまげんいちろう）、講談社版（1971 年）は朝倉摂（あさくらせつ）、フレーベル館（1975 年）は安泰（やすたい）です。（え）

■猫町

◆萩原朔太郎 作　金井田英津子 画
◆長崎出版　2012年　86p
◆NDC：913.6（小説）

☆司書のおすすめひとこと
猫猫猫の不思議な町に迷い込んだ主人公。萩原朔太郎（1886–1942）の散文詩風小説を金井田英津子の版画で。

萩原朔太郎（1886–1942）は群馬県前橋市の医師の家の長男として誕生しました。若いころは落第を繰り返し苦悩の時代を過ごしますが、14歳の時、従兄弟に短歌を教わってから、徐々に詩人としての才能を開花させ、1917年に詩集『月に吠える』を刊行し、口語自由詩の確立者と呼ばれるようになりました。

1935年に生涯唯一の小説『猫町』(版画荘)発表。朔太郎は、薬によって自身の内面を旅していました。それを書き表したものがこの作品です。身を削り、二度と同じものをみることも体験することもできないその旅を、彼ならではの言葉を集め綴っています。読者はその世界に引き込まれ、幻想と現実を行き来し彷徨っていた彼が見ていたであろう景色をそれぞれの感覚で読み取るのです。その後、この小説は様々な出版社から出版されており、その中からいくつかを紹介します。

▽『猫町』萩原朔太郎 著　山口マオ イラスト（自費出版 1992 年）

「マオ猫」と呼ばれる個性的な猫のイラスト作品を描く山口マオの私家本。2018 年に開催された前橋文学館「サクタロウをアートする」と題した企画展に、この『猫町』の原画出展。

▽『猫町 他十七篇』清岡卓行 編 （岩波文庫　1995 年）

詩人・作家の清岡卓行の解説を収録。これによれば『猫町』は、1935 年 8 月に文化雑誌『セルパン』に掲載されたとあります。またこの『猫町　他十七編』の底本は『萩原朔太郎全集』（筑摩書房、1976 年）を用いています。

▽『猫町』金井田英津子 版画 （パロル舎　1997 年）

金井田英津子の版画によるこの物語のクライマックス、猫だらけの町の表現は圧巻の迫力。2012 年長崎出版から復刊。

▽『猫町：散文詩風な小説』しきみ 画 （立東舎　2016 年）

「乙女の本棚」シリーズ。イラストレーター・しきみの懐かしさを感じさせつつも今風の作品がすべてのページに掲載されています。巻末には、詩人・小説家の最果タヒによるエッセイを収録。

「日本近代詩の父」と呼ばれた朔太郎は生誕の地、前橋に「萩原朔太郎記念館」があり、終焉の地、世田谷の「世田谷文学館」には、自動からくり人形作家「ムットーニ」こと武藤政彦による作品『猫町』が収蔵されています。（み）

■夏への扉 (ハヤカワ文庫. SF)

◆ロバート・A・ハインライン 著
　福島正実 訳
◆早川書房　1979年　310p
◆NDC：933（小説）

☆司書のおすすめひとこと
米国SF小説の巨匠ハインライン（1907–1988）による読後感が良いタイムトラベル作品。歯切れのよい訳文もおすすめ。

優秀な技術者である主人公が、恋人と親友に裏切られ、冷凍睡眠で30年後の未来に放り出されてしまいます。財産も、愛する飼い猫のピートも何もかも奪われた主人公が、大切なものを取り戻すために奮闘するという、痛快な復讐劇です。

骨組みのしっかりした小説としての完成度もさることながら、特筆すべきは猫描写の素晴らしさ。「腕にぼたん雪がぱらりと落ちたような感じがした。ピートが片足をかけていた」。ほら、猫のぬくもりと肉球を腕に感じませんか。ピートは執筆当時に著者ハインラインが飼っていた愛猫ピクシーがモデルとのこと。作品発表の1957年に、彼はピクシーを亡くしています。

本作は日本での評価が特に高く、1958年の翻訳から何度も刊行され、2020年新装版は9回目となります。福島訳の見事な表現の豊かさを、ぜひ味わってみてください。(笹)

■空飛び猫

◆アーシュラ・K・ル＝グウィン 作
村上春樹 訳 S.D. シンドラー 絵
◆講談社 1993年 50p
◆NDC：933（小説）

☆司書のおすすめひとこと
『ゲド戦記』などで知られるアメリカの小説家ル＝グウィン（1929–2018）の寓意的ファンタジー。

翼をはやして生まれてきた猫の兄弟たちは、翼をもたない母猫から自立してスラム街から旅立ちます。紆余曲折の末、緑豊かな牧場へたどり着き、理解ある人間の元で幸せな生活を送れるように。『空飛び猫』『帰ってきた空飛び猫』『素晴らしいアレキサンダーと、空飛び猫たち』『空を駆けるジェーン』の４冊シリーズで、全作通して読むことをお勧め。それぞれ文庫版も出ています。

４冊に共通したテーマは、安住の地を探すための新たな旅立ち。心温まるやさしい物語の後ろには、人間社会への痛烈な批判が見え隠れし、子どもも大人も違う目線で楽しめます。『空を駆けるジェーン』には黒人女性の自立と成長が寓意的に描かれています。

「にんげん」を「いんげん」と言い間違える村上春樹の翻訳は絶妙。クスリと笑える訳注や訳者あとがきは一見の価値あり。(砂)

■ルドルフとイッパイアッテナ（児童文学創作シリーズ）

◆斉藤洋 著　杉浦範茂 絵
◆講談社　1987 年　273p
◆ NDC：：913.6（児童書）

☆司書のおすすめひとこと
「『知識』と『教養』は違うよ。」と、この本で猫たちに教わりました！

岐阜市で小学生のリエちゃんに飼われていた黒猫ルドルフが、シシャモを盗んだため、魚屋に追い詰められて乗ったトラックで東京の東の端の街にたどり着き、教養のある猫「イッパイアッテナ」に出会って読み書きを教わり、金物屋のブッチーら他の仲間とも出会って冒険をするのが本作です。小学校三年生の国語の教科書に掲載されたり、アニメ映画になったり、長年に渡り読み継がれてきたこの第 1 作はシリーズ化され、2020 年に第 5 作が出版されています。

第 1 作で岐阜に帰れるチャンスを仲間のためにフイにしたルドルフが、大変な苦労をして戻った岐阜で目にした光景は……第 2 作『ルドルフともだちひとりだち』（1988 年）。ルドルフとブッチーが犬をやっつけたという評判を聞きつけて、喧嘩を売りにやって来た川向こうのドラゴン兄弟が、今度は助太刀を求めに訪ねてきた、第 3 作『ルドルフといくねこくるねこ』(2002年)。怪我をしたブッチーのために渡り合った隣の隣の縄張りの女傑スノーホワイトと一緒に、失踪したブッチーの娘を探して横浜を冒険する第4作『ルドルフとスノーホワイト』(2012年)。最新第5作はブッチーの飼い主だった「金物屋」の引っ越し先を探して、甲府まで訪ねていく『ルドルフとノラねこブッチー』(2020年)と、30年以上にわたり出版されてきました。

シリーズ全体を通底するテーマは、「猫にも人にも、教養は大事」。猫たちの人や犬との交流から「動物の種類や生育環境などで差別しない」「飼い猫でも野良猫でもない、自分は『猫』だ」など、大切なことが浮かび上がり、通底するテーマに繋がっています。「教養」を身に着けたルドルフと仲間たちの成長ぶりは、なかなかかっこよく、大人でも応援したくなります！

ドイツ文学者でもある著者斉藤洋のふるさと、東京江戸川区の小岩図書館では、3階の「小岩ゆかりの作家・作品コーナー」に、地元の「ルドルフ応援団」が作成した「聖地巡り」のフォトブックが著者の本と一緒に展示されています。なお第1作と第2作は文庫版にもなり、さらに第1作は英語版も出ています。(な)

■愛別外猫雑記（あいべつそとねこざっき）

◆笙野頼子 著
◆河出書房新社　2001年　203p
◆NDC：913.6（小説）

☆**司書のおすすめひとこと**
夢か現（うつつ）か幻（まぼろし）か。小説ならではの「笙野ワールド」を存分に楽しめる作品です。

4匹の猫のために雑司ヶ谷のマンションを離れて、千葉県S倉に引越すことになる主人公。その経緯から顛末について、主人公の思考そのままに行きつ戻りつ書き綴られています。

野良猫、地域猫、保護猫に里親、多頭飼いなど、猫をめぐる様々な出来事は、猫に無縁な生活を送る身からは妄想にすら感じます。その思考の流れに身を任せて文章をたどり、本文の合間に掲載されている猫たちの、日常を切り取った多数のスナップ写真を眺めると、カメラの奥に、慈愛に満ちたまなざしで猫を見つめる飼い主（＝著者）の姿が立ち上ってきます。

冒頭に「―私は決して猫が好きなのではない。猫を飼うのも下手だ。ただ、友達になった相手がたまたま猫だった。その友を出来れば裏切りたくなかったのだ。」とあり、妄想から現実へ、これぞ小説の醍醐味です。2005年に文庫化。(SK)

■旅猫リポート

◆有川浩 著
◆文藝春秋 2012年 271p
◆NDC：913.6（小説）

☆司書のおすすめひとこと
誇り高き野良猫だったナナはサトルの猫になった。二人が旅の終わりに見たのは大きな虹……

カギしっぽの先が数字の7に見えるからと、サトルはその猫に「ナナ」と名付けました。ナナは事故に遭った時にサトルに助けを求め、怪我が治ってからそのままサトルの猫となりました。穏やかに5年が過ぎ、二人は旅に出ました。

ナナを引き取ってくれる友人を訪ねる旅。友人たちに歓迎され、旅先でたくさんの風景を一緒に見てまわり……結局、ナナは最後までサトルの猫のままでした……。コロボックル物語の挿絵を手掛ける村上勉が描く二人の旅の様子は、単行本のカバーを外してみる、もしくは『絵本「旅猫リポート」』で見ることができます。

『図書館戦争』の作者・有川浩とのコラボ！と心躍らせ本を手にする方もあると思いますが、旅の終わりは……号泣、もしくは嗚咽必至。文庫版もあり、複数の外国語にも翻訳された作品で、2018年には映画化もされています。ナナと、サトルの最初の猫「ハチ」の外伝は、『みとりねこ』(2021年)に紡がれています。（え）

■かのこちゃんとマドレーヌ夫人（ちくまプリマー新書）

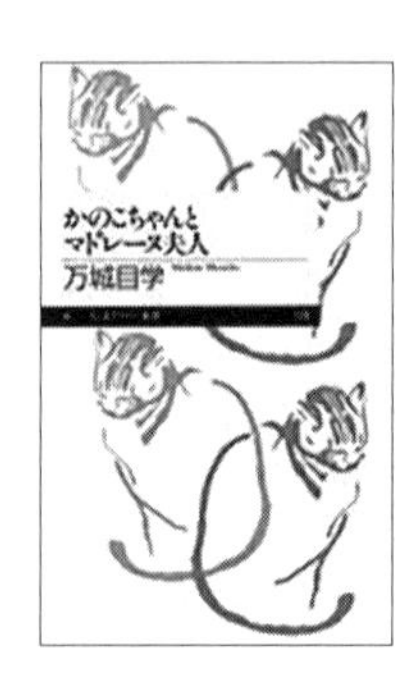

◆万城目学 著
◆筑摩書房　2010年　234p
◆NDC：913.6　（小説）

☆司書のおすすめひとこと
小学生のかのこちゃんと猫のマドレーヌ夫人。それぞれの心温まる出会いと別れを描く。

かのこちゃんは好奇心旺盛でワクワクした毎日を過ごしている女の子。マドレーヌ夫人は毛色が黄色とオレンジのきれいな縞々のアカトラ猫。犬語を話せるのでかのこちゃんの家の柴犬、玄三郎と結婚しています。かのこちゃんとマドレーヌ夫人それぞれの視点で、お互いの小さな冒険が絡み合いながら物語が展開していきます。

一年生になったかのこちゃんは、学校で刎頸（ふんけい）の友となるすずちゃんと出会います。毎日毎日新しい発見があるふたりの、きらきらした日々。「猫会議」などひとつひとつのエピソードが著者の魅力的な表現で丁寧に綴られ、想像を膨らませてくれます。

マドレーヌ夫人と玄三郎の互いを思う気持ちにほろり。ハートフルなプロローグとエピローグ、本文4章で構成されている読後感爽やかなファンタジー。2013年に角川書店から文庫版刊行。（み）

■せかいいちのねこ（MOEのえほん）

◆ヒグチユウコ 絵と文
◆白泉社　2015年　101 p
◆NDC：913.6〈小説〉

☆司書のおすすめひとこと
本物の猫になりたいと願うぬいぐるみの猫と、個性豊かな猫たちとが触れ合うおはなし。

猫のぬいぐるみのニャンコは、7歳になった持ち主の男の子の成長を見て、いつか飽きられるかもしれないと不安で心を痛めています。本物の猫になればもっと大切にしてくれる、そのためには魔力がある猫のひげを集めれば本物に近づけると友だちに教えられ、親友のアノマロと一緒に旅に出ます。

最初に出会ったのは黒い帽子を深くかぶった猫。今まで多くの人間にかわいくない、みっともない柄だと言われ、自ら顔を隠している。でも帽子を脱いだその顔を見て、ニャンコはかわいくて優しそうと感じ、帽子の猫を勇気づけます。

この後も本屋の猫店主との出会い、アノマロの行方不明事件、衰弱した赤ちゃん猫を拾うなど多くの出来事の中で大切な事を知り、ニャンコも全ての猫たちも世界一だと気づきます。画家である著者の可愛くもリアルな作画も楽しめます。（妙）

■キキとジジ：魔女の宅急便特別編その２（福音館創作童話シリーズ）

◆角野栄子 作
佐竹美保 画
◆福音館書店
2017年　157p
◆NDC：913.6（児童書）

☆**司書のおすすめひとこと**
黒猫ジジと魔女のキキが出逢えたこと、猫との出逢いは必然です。

魔女の相棒といえば黒猫。赤ちゃんだった魔女のキキのところに、まっ黒な子猫がやってきました。キキのお母さんとお父さんは子猫の名前をジジと決め、ジジとキキは一緒にすくすく育ちます。人間より早く大人猫になったジジは、キキの幼さにいら立ち嫉妬。キキの大切な相棒の魔女猫になるまでに、様々な思いを乗り越える時間が必要でした。キキ13歳の年の満月の夜、魔女のひとり立ちをするキキのほうきの後ろにジジが乗っています。新しい町で生活していくキキのそばには、いつもジジがいるのです。（も）

■猫の客

◆平出隆 著
◆河出書房新社
2001年　137p
◆NDC：913.6　（小説）

☆**司書のおすすめひとこと**
稲妻小路に行ってみたくて、地図で探してしまいました。

夫婦二人の生活にはいってきたのは隣家の仔猫。猫の訪れが頻繁になるにつれて「こんなに家と心の奥にはいってきている者が、なぜまだ客なのか」分からないという風に笑う妻。二人が離れを借りている郊外の古風な門構えの家や、稲妻小路と名づけた路地も、時代の流れと共に変わっていく運命です。ある日、猫との別れがやってきます。詩人でもある著者の文章の美しさが際立つ作品です。2009年に文庫化。またフランス語訳を皮切りに英語、ドイツ語、スペイン語、中国語など多くの言語に翻訳されています。（は）

■しずく

◆西加奈子 著
◆光文社 2007年 210p
◆NDC：913.6 （小説）

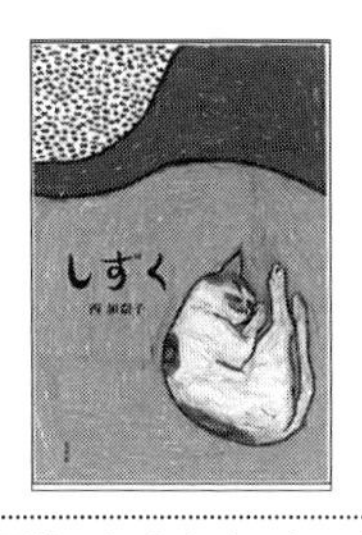

☆**司書のおすすめひとこと**
短編『しずく』は、猫からみた出会いと別れ。オワカレって何？

女性の揺れ動く等身大の気持ちが描かれた作品6つからなる短編集。タイトルにもなった『しずく』は、2匹の雌猫視点で書かれた、恋人同士の出会いと別れを綴った物語です。それぞれ1匹の猫を飼っていた脚本家とイラストレーターの男女が恋をして、高慢で気位の高い2匹の猫も一緒に暮らすことになります。二人が売れない頃、猫たちはケンカしながらも幸せな時間を過ごしていました。ところが、仕事が忙しくなるにつれ、徐々に猫たちの生活も変わっていきます。さて結末は……。2010年に文庫化。(高)

■虹猫喫茶店

◆坂井希久子 著
◆祥伝社 2015年 274p
◆NDC：913.6 （小説）

☆**司書のおすすめひとこと**
楽しみながら読むうちに、保護猫活動への理解が深まる本。

不本意ながら獣医大学生となった主人公が、猫屋敷の猫を世話するアルバイトを通して、保護猫活動に関わるうちに変わっていく、という物語。読みやすい話ながら、猫を保護して飼い主を見つけたり、去勢して地域猫として元の場所に返したりする保護猫活動への理解が深まり、動物と人との関わりについて考えさせられる本です。2018年に文庫化。つるがしまどこでもまちライブラリー＠TakayaのオーナーTakaya氏は、この本をきっかけに猫の形のにゃんこマスクを販売し、収益を保護猫活動への寄付に充てるようになりました。(砂)

■ねこだまり：〈猫〉時代小説傑作選　（PHP 文芸文庫）

◆宮部みゆき、諸田玲子、田牧大和、折口真喜子、森川楓子、西條奈加 著　細谷正充 編
◆ PHP 研究所　2020 年　283p
◆ NDC：913.68　（小説）

☆司書のおすすめひとこと
野良猫、お屋敷猫、長屋猫、木彫りに頭巾に踊る猫。江戸の町でも猫が幸せを運びます。

女性時代小説家６人による江戸の猫にまつわる短編集。消えた猫を探すため『狸穴あいあい坂』シリーズの人々が奮闘する諸田玲子「お婆さまの猫」、猫がいなくなった理由とは。森川楓子「おとき殺し」は、岡っ引きの茂蔵が絵師歌川国芳に罪人を見たらしい子猫を預けるところから始まります。犯人はすぐに捕まりますが、猫と話せる弟子のおひなは釈然とせず、江戸の町の無数の猫たちのつながりを使い真実を見つけようとします。

宮部みゆき「だるま猫」は、父親の暴力と貧しさの中で育った文次が鳶の頭に拾われ、憧れ続けた火消しの下働きになります。何度火事場に出向いても怖さで身体が動かない文次に飯屋の主が見せてくれた恐るべきものとは。

他にも田牧大和、折口真喜子、西條奈加の様々な猫たちが人情味あふれる江戸のねこだまりの世界へ誘います。（も）

■猫のはなし：恋猫うかれ猫はらみ猫 （角川文庫）

◆浅田次郎 選　日本ペンクラブ 編
◆ KADOKAWA　2013 年　276p
◆ NDC：913.68；914.68 （小説）

☆司書のおすすめひとこと
大正から昭和初期の文筆家による、猫の魅力を語る短編を再発掘！

作家浅田次郎が選んだ、日本の小説家、詩人、児童文学作家、落語家、随筆家、画家、民俗学者などによる、猫の魅力を語る 34 篇の短編集。

大正から昭和初期頃のあまり知られていない作品が多いのが特長です。特に珍しいのは古田大次郎の「死の懺悔（抄）」。古田大次郎は、社会主義思想に傾倒しテロ集団「ギロチン社」を結成、銀行員刺殺事件、福田雅太郎陸軍大将暗殺未遂事件などを起こし、1925 年に 25 歳で処刑されました。本文は、獄中でつづった手記「死の懺悔」から犯行前に飼っていたクロという猫について書かれた部分を抜き出したもので、残虐なテロリストの一面とクロに対する深い愛情とのギャップに驚かされます。

他にも詩人の北原白秋、小説家の豊島與志雄、児童文学作家の坪田譲治、画家の有島生馬、俳人小林一茶などの作品が彩りを添えています。（砂）

■吾輩も猫である（新潮文庫）

◆赤川次郎 他著
◆新潮社　2016 年　211p
◆ NDC：913.68 （小説）

☆司書のおすすめひとこと
猫好きな作家たちによって紡ぎ出された猫物語。貴方の愛しい 1 匹に出会えるはず。

夏目漱石没後 100 年・生誕 150 年の 2016 年、有名な『吾輩は猫である』に挑むべく、赤川のほか新井素子、石田衣良、荻原浩、恩田陸、原田マハ、村山由佳、山内マリコの猫好き作家がそれぞれの表現で“猫”を描いた短篇集。

「吾輩は猫である。名前はまだ無い。」で始まる本家本元。さて 8 作品の冒頭は「どうやら、私は「猫」と呼ばれるものであるらしい。」「妾（わたくし）は、猫で御座います。」「わたしたちネコ族と違って……」「吾輩は猫である　鼠は嫌い」「ワタクシは猫であります。」「俺は猫だ。名前だって、ちゃんとある」「あたしは、猫として生まれた。」「あたしは猫。サビ猫。名前なんてないわ、だってノラだもん。」と様々。

猫たちは人間世界の出来事には何処吹く風で過ごし、でもふとした時にそっと傍にいる。皆違うはずなのに、どの子も間違いなく魅力的！（石）

■100万分の1回のねこ

◆江國香織 他著
◆講談社　2015年　244p
◆NDC：：913.68 （小説）

☆司書のおすすめひとこと
たくさんの人に読まれている佐野洋子のあの絵本に捧げる13の短編集。

絵本『100万回生きたねこ』(講談社　1977年)とその作者・佐野洋子を敬愛する、小説家、詩人、画家ら13人の現代作家による短編集です。

たとえば、江國香織は「誰のことも好きにならない女の子」を、角田光代は「外の世界に憧れを抱く飼い猫」を、今江祥智は「戦時中の猫たち」を書きました。まるで猫の登場しない作品もありますが、全てに通底するのは愛と喪失について。もちろん佐野の絵本にも共通するテーマです。各作品の扉には広瀬弦による「とらねこ」の挿絵が入り、またそれぞれ扉裏には作家から絵本へのコメントが寄せられています。

雑誌『小説現代』の3号連続企画として2014年10月号より4篇ずつ発表されたものに、広瀬の書いた1篇を加えて刊行。2018年に文庫化。絵本を読んだことのある人も、まだ読んでいない人もしみじみと読めるはずです。(オ)

■ニャンニャンにゃんそろじー = Nyan-nyan nyanthology

◆有川浩 他著
◆講談社　2017年　244p
◆ NDC：913.6　（小説）

☆司書のおすすめひとこと
本に託してあなたに贈る、時間も場所も自由自在に飛び越えて＜ No life, no cat ＞な世界を。

時代別や種類別、主題別など多くの「猫」アンソロジーがあります。表題作は9人の作家や漫画家による猫好きのための作品集。いずれも何気なく描かれているが実は物語の展開の鍵を握っている猫の存在感が際立っています。個人的には、イヤミス作家の真梨幸子の虚実シームレスな作品「まりも日記」、芥川賞作家の町田康による擬人化された動物達が主人公の「諧和会議」に、そうきたか！と（笑）。作品ごとの最終ページに書かれた、作家自身による猫愛あふれるコメントもジワリときます。初出は雑誌『小説現代』2017年3月号、さらに2020年に文庫化。

このほかに4冊を紹介します。

▽『猫が見ていた』（文春文庫）湊かなえ 他著（文藝春秋 2017年）

現代日本作家7人による短編集。雑誌『オール讀物』2017年4月号掲載の7作品に加え、小説12本を紹介した傑作選の項が巻末にあります。各作家の作風の違いが短編でもしっかりと味わえて読み応えのあるミステリー作品集です。

▽『猫ミス！』（中公文庫）新井素子 他著（中央公論新社 2017年）

季刊雑誌『小説BOC』4号（2017年1月）に掲載された8作品を文庫本にまとめたオリジナルアンソロジー。ミステリーだけに、伏線やどんでん返しに、ゾクゾクしたりゾッとしたり、1冊でも贅沢に楽しめます。擬人化された猫が主人公の作品は案外少ないと思っていたら、新井素子の「黒猫ナイトの冒険」にホロリとさせられました。

▽『猫のまぼろし、猫のまどわし：東西妖猫名作選』（創元推理文庫）東雅夫 編 （東京創元社 2018年）

古今東西のミステリーや不思議な名作から選んだ、妖猫小説21篇からなるアンソロジー。「妖し」文学の第一人者、文芸評論家の東による、巻末の編者解説も併せてご堪能ください。「猫好き」だけでなく、「不思議」好きにもたまらない1冊。

▽『猫の文学館 Ⅰ、Ⅱ』（ちくま文庫）和田博文 編（筑摩書房 2017年）

漱石から吉行理恵まで、日本の作家63人による82作品を文学研究者が独特の視点でまとめたアンソロジー。気になった章の作品から読めば、いつの時代も人間にとって魅力的かつ不可思議な存在であった猫に、あなたもきっと憑りつかれている事でしょう。（SK）

■猫の扉：猫ショートショート傑作選（扶桑社文庫）

◆江坂遊 選
◆扶桑社　2020年　314p
◆NDC：908.3（小説）

☆司書のおすすめひとこと
ショートショートの神様、星新一の弟子が編む猫だまりな傑作選。

SF、ファンタジー、ミステリー、ショートショートの代表的作品だけでなく、文豪作品や童話、民話、コミックと、アンソロジーならではのジャンルを越えた32作品が収録されています。

猫を共通のテーマに内容もバラエティ豊かです。中には猫が残酷な目にあっていて猫好きとしては心穏やかではいられない作品もありますが、どの作家も猫という生き物に魅力を感じていたのでしょう。ボードレール、サキ、小松左京、アーサー・C・クラーク、ラブクラフト、カフカ、筒井康隆等々、名前を知っていても読んだことのない作家や作品があるかもしれません。数ページで読めるショートショートは作家を知るきっかけにもなりますね。

あとがきに選者の解説と、各作品底本一覧、著者紹介もあります。選者から図書館スタッフへ謝辞があり、司書として嬉しいです。(墨)

猫カフェ

猫本専門店 ‘Cat’s Meow Books’

東京世田谷の住宅地の一角に溶け込んでいるCat’s Meow Books。猫カフェではなく、猫本専門店です。店内に足を踏み入れるとジャケットを面出しし、計算され尽くした4000冊の本…その質と量に圧倒されます。

手前は新刊メインのコーナーで、奥には本物の猫がいる古書メインのコーナーがあり、飲物片手にくつろいで本を手にとれます。店主の安村さんが語る選書は、まずタイトルで猫がつくものを当り、短編集は一つでも猫が入っていたら猫本認定。動物学の本も猫が入っていれば猫本に、というように膨大な量の本を自らチェックして揃えたとのこと。自然科学、社会科学のかっちり系から漫画などソフトなものまで、あらゆるジャンルの猫本がリンクしながら並べられています。所在リストはすべて頭の中にあるそう。一冊一冊コツコツと選書しているが故ですね。2017年にこの本屋を開店するまでの話は、『夢の猫本屋ができるまで』（井上理津子著　安村正也協力　ホーム社　2018年）に詳細が。なんと開業資金、月次収支まで公開しており、アイデアも満載。また売り上げの10%を保護猫団体へ寄付しています。

図書館と本屋はそれぞれ選書の違いがありますが、本に対する思いは共通しています。「図書館員で本を作るなら、その特性をぜひ生かして」とエールをいただきました。(2021年2月11日取材)（み）

https://www.facebook.com/CatsMeowBooks/

https://twitter.com/CatsMeowBooks

■ヘミングウェイが愛した6本指の猫たち

◆外崎久雄 写真　斉藤道子 文
◆インターワーク出版
2004年　79p
◆NDC：748

☆**司書のおすすめひとこと**
メキシコ湾を望む街キーウエストに、ヘミングウェイが愛した6本指の猫の子孫がいます。

海上にかかる7マイルブリッジを渡り、アメリカ最南端の島キーウエストのヘミングウェイの旧居（現ヘミングウェイ博物館）に、ヘミングウェイが飼っていた6本指の猫たちの子孫が50匹ほど暮らしています。本書はその写真集。

『武器よさらば』『老人と海』などの著者で、ノーベル文学賞受賞者のアーネスト・ヘミングウェイ（1899～1961）は、船乗りから譲り受けた6本指の猫を飼っていました。多指症の猫は鼠などの狩猟能力に優れ、現在でも幸運を呼ぶ猫として知られています。

スペイン内戦を題材に執筆した『誰がために鐘は鳴る』の一節に「猫くらい自由奔放な動物はいない」があります。そんな彼の猫への想いに馳せながら、自由奔放に過ごしている猫を眺め、キーウエストの観光気分も味わえる、一石三鳥の写真集。次は彼の作品を読んでみたくなるかも。(高)

■猫だましい

版元品切れ、文庫版刊行中

◆河合隼雄 著
◆新潮社刊　2000 年　223p
◆ NDC：902.09

☆司書のおすすめひとこと
「だましい」は「だまし」と「たましい」の掛け詞。猫をとおした「たましい」の顕現。

「一本の線分を二つに切断するとき、それぞれの端に名前をつけて明確にすると、必ず抜けおちる部分がある。……人間の全体存在を心と体に区分した途端に失われるもの、それを『たましい』と考えてみてはどうであろう」の一節が、文中にあります。

ユング派心理学者の河合隼雄（はやお）（1928–2007）は、まず伏線で、猫の変幻自在な特性を表わす「猫マンダラ」を紹介します。その後、牡猫ムル、長靴をはいた猫、空飛び猫、宮沢賢治の猫、鍋島猫騒動など、古今東西、幅広いジャンルの猫作品をとおして、人の内にある「関係性の喪失」や「たましいの顕現」を、心理学的観点から読み明かします。

読者は、解説された作品を読みたくなること必至です。「猫だましい」の題で雑誌『新潮』に 1998 年 10 月号から 12 回連載したものを訂正加筆した本。2002 年に大島弓子の感想マンガを付加して文庫化。（高）

■向田邦子の本棚

◆向田邦子 著
◆河出書房新社　2019年　163p
◆NDC：910.26

☆司書のおすすめひとこと
乱雑に山積みにされた本と、美しい猫を抱く姿が、この作家に私が感じた憧れでした。

脚本家、作家であった向田邦子は、1981年8月22日、台湾旅行の帰りに飛行機事故で亡くなりました。この本は向田の蔵書の寄贈先である、かごしま近代文学館向田文庫（約300冊）と実践女子大学図書館向田邦子文庫（約1,300冊）の2ヵ所の蔵書の一部を紹介し、タレントのイーデス・ハンソン、演出家の鴨下信一、評論家の藤久ミネとの当時の対談3つ、作家の久世光彦のエッセイ、妹の向田和子の談話を収録しています。

「愛しい猫」の章では、蔵書から絵本3冊と洋書5冊の書影と、エッセイ「猫自慢」(『眠る盃』講談社1970年収録)が再掲されています。取材では必ず藤田嗣治の画「猫」の前で撮影したという写真も1枚収録されています。写真の中の猫が放つ美しさ、エッセイから伝わってくる愛情。猫好きという印象が強く残ります。(ゆ)

■フランシス子へ

◆吉本隆明 著
◆講談社　2013年　125p
◆NDC：914.6

☆司書のおすすめひとこと
思想界の巨人吉本隆明（1924–2012）の足元にいた大切な猫。寄せる思いが自在に広がり……。

猫と暮らしていた吉本隆明の、愛猫への眼差しを語る『フランシス子へ』は、晩年に吉本自宅で行われた取材を基にしています。自分自身の「うつし」のように思っていた猫フランシス子。慈しむような穏やかな吉本の語りは、亡くしたフランシス子から、自身や親鸞につながっていきます。途中、存在することは本当か？ と例えたホトトギスは「ホトトギスは実在するのだ」という言葉で締めくくられます。とりとめなく移り変わる話題には、穏やかな印象を受けますが……。

長女ハルノ宵子のあとがき「鍵のない玄関」、玄関と書斎の写真、フランシス子の足跡の装丁も味わい深いです。2016年の文庫版には、中沢新一の「吉本隆明の中の「女性」と「動物」」も収録。

もう1冊吉本が猫を語る『なぜ、猫とつきあうのか』（ミッドナイト・プレス　1995年）もあります。（ゆ）

■本があって猫がいる

◆出久根達郎 著
◆晶文社　2014 年　262p
◆ NDC：914.6（エッセイ）

☆司書のおすすめひとこと
猫好き古書店主にして直木賞作家による、本と芸と生活を綴った店番日記風エッセイ 80 篇。

まず「古書店主と猫」という組み合わせだけで胸が躍ります。15 歳で古本屋に就職し、本を教師として生きてきた著者の軌跡がユーモア溢れる文体で綴られており、猫だけでなく昭和という時代を味わい深く伝えてくれます。

その後、店主となり本業のかたわら始めた文筆活動が注目され直木賞受賞という異色の経歴をもつ著者と猫の暮らしぶりはどんなものでしょうか。夫婦二人暮らしで飼猫パルルを我が子として育て、猫っぽい名の「パルル」でなく「あの子」と呼んでいるエピソードが猫への愛を物語っています。

運動神経が鈍く、踏み外したり高い所から転げ落ちるわが子を案じてみたり、偏食を治すためあれこれ試してみたり、といったささやかな出来事にもどこか風情があり、また当たり前の幸せに満ち満ちていて、共感と共に心地よく胸に響くエッセイです。（磯）

■作家の猫（コロナ・ブックス）

◆コロナ・ブックス編集部 編
◆平凡社　2006年　134p
◆NDC：910.26

☆司書のおすすめひとこと
内田百閒のノラ、大佛次郎のコトン、シロ…。なんとも贅沢な文豪たちの愛猫アルバム。

猫と言えばまず夏目漱石、そして熊谷守一、池波正太郎、ヘミングウェイなど小説家、画家、学者たち28人を取り上げ、彼らの日常であり家族の一員である猫たちのエピソードを、たっぷりの写真とともに集めた1冊。

猫たちと一緒に過ごしている作家たちは素顔をさらけ出し、あの文豪も猫には頭が上がらなかったのだと親近感がわきます。過去の貴重な写真をここに集められたのはある意味奇跡。個性あふれる猫の表情やネーミングにも注目。また、関係者によるエッセイ、コラム、猫本の紹介など盛りだくさんな内容。

『作家の猫 2』(2011年）では佐野洋子、吉行理恵など26人の作家が取り上げられています。2冊とも表紙の写真に魅せられ、ジャケ買い必至。また、『作家と猫』(2021年）では、向田邦子、石牟礼道子など49人の作家のエッセイなどが収録されています。(み)

■もの書く人のかたわらには、いつも猫がいた：NHK ネコメンタリー 猫も、杓子も。

◆角田光代 他著
◆河出書房新社　2019 年　159p
◆ NDC：910.2；913.6

☆司書のおすすめひとこと
人気作家の愛猫たちとの日常と作品。愛猫の写真の中に作家の素顔が凝縮されています。

2017 年から始まった NHK-TV の人気番組「ネコメンタリー　猫も、杓子（しゃくし）も。」に登場した角田光代、吉田修一、村山由佳、柚月裕子、保坂和志、養老孟司の 6 人をとりあげ、それぞれの作家と猫との日常を書籍化したもの。

作家ごとに、インタビューと自作の短編やエッセイで構成され、合間に愛猫の写真を載せています。猫との関わりを聴きながら、作家に猫好きが多い疑問を紐解いてくれます。猫への接し方もさまざま。個性豊かな猫の写真と共に、「猫の前では嘘はつけない」「ふれあうのは舌と僕の指先だけだ」などの名言にもご注目。

この本に興味を持った方は、本書でも紹介している養老孟司の『猫も老人も、役立たずでけっこう：NHK ネコメンタリー　猫も、杓子も。』で、猫との関わりの詳細を知ることができます。そんな読み方も面白いかもしれません。（高）

■猫も老人も、役立たずでけっこう：NHK ネコメンタリー・猫も、杓子も。

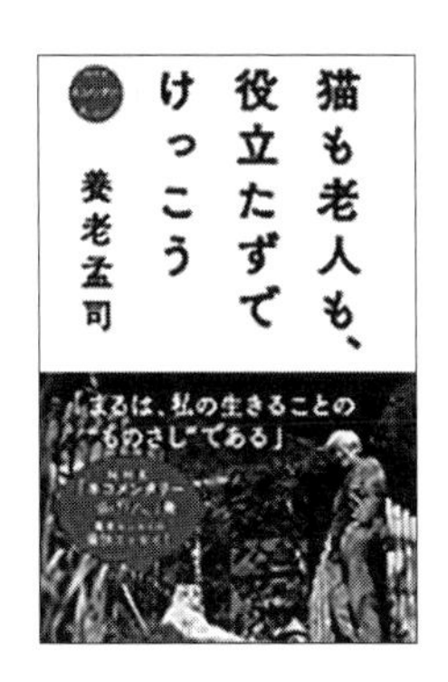

◆養老孟司 著
◆河出書房新社　2018 年　190 p
◆ NDC：914.6（エッセイ）

☆司書のおすすめひとこと
足ることを知る著者の愛猫「まる」から、自然な生き方の極意を学ぼう。

解剖学者で脳科学から生き方まで幅広い著書のある養老孟司は、NHK-TV 番組「ネコメンタリー猫も、杓子も。」から生まれたこの書き下ろしエッセイで、独自のユニークな視点から猫の魅力を存分に解き明かしてくれます。

何があっても動じない愛猫まるは著者にとって生きることの“ものさし”であり、人間社会で染みついた世間のものさしをリセットしてくれる存在と述べています。まるとの出会いから、生老病死、物の見方、AI の進化など現代社会について語る中で対比的に「社会は信用できないが、自然は嘘をつかない。まるのほうがよっぽど信用できますね」といった具合に、まるが度々登場します。

そして次のページには毛づくろいに勤しむまるの写真があり、まるに諭されているような気持になります。これは著者とまるが社会に問う共著ともいえる 1 冊です。(磯)

■漫画家と猫　vol.1

◆萩尾望都 他著　佐藤健寿 写真
　南信長 文
◆河出書房新社　2019 年　191p
◆ NDC：726.1

☆司書のおすすめひとこと
漫画家５人。豊富な写真と言葉で、猫と暮らす魅力を語る。猫、創作活動を支える？

漫画家の萩尾望都、諸星大二郎、西原理恵子、吉田戦車、ヤマザキマリに取材した、写真・インタビュー・対談集。

相棒の連れ猫が猫と暮らすきっかけの吉田、異国猫を連れ帰るまでを語るヤマザキ……どうやって猫と暮らすことになるかは、わからないものです。巨匠同士の諸星・萩尾対談は静かに猫を語りますが、萩尾・西原対談では漫画家業界のあれこれも、ほんのりと。漫画家活動を支え、時には振り回す猫たち。人と猫の豊かな個性が伝わります。それぞれの猫を抱く作家の顔が、とても良いのです。

収録漫画は書き下ろし３作品、再録５作品。インタビュー内にも、各自の作品の引用コマがあります。インタビュー文を南信長が担当し、猫を中心に置いた視点と切り口で、丁寧にまとめています。猫好きにも漫画家ファンにも、普通に本好きにも楽しめる本です。（ゆ）

■猫なんて！：作家と猫をめぐる47話

◆キノブックス編集部 編
◆キノブックス　2016年　244p
◆NDC：914.6（エッセイ）

☆司書のおすすめひとこと
池澤夏樹、平出隆、アーサー・ビナード、北から南、出身も様々、47人のエッセイ集。

小説家や詩人、批評家、漫画家、精神科医等47人の著名人による猫への思いをつづったエッセイや漫画等を収録したアンソロジー。

最初に萩原朔太郎の詩、なやましい夜の猫の会話から始まります。半藤末利子「漱石夫人と猫」では夏目家の猫、谷崎潤一郎は猫のしっぽが便利だと、いつも猫は興味を引く存在。角田光代「我が家に猫がやってくる」のように、猫との出会いは偶然のようで必然、知人からもらったり、突然現れたり出会ったり。各分野の専門家によるエッセイはテーマも多岐にわたり興味深い内容。小説家がペットと暮らす理由とは、猫はなぜ二次元に対抗できる唯一の三次元なのか、猫に教わることとは。

漫画では、水木しげるが猫からこの世のことを諭される「猫」や長谷川町子「どうぶつ記」等。飼い猫、野良猫、近所の猫、猫のとらえ方も様々です。（も）

■猫と一茶

◆小林一茶 著　一茶記念館、信濃毎日新聞社出版部 編
◆信濃毎日新聞社　2013 年　159p
◆ NDC：911.35（詩歌）

☆司書のおすすめひとこと
一茶の猫の句に、猫を捉えたフォト俳句集。猫にはひだまりがよく似合う、なごみの 1 冊。

小林一茶（1763–1828）は信濃の俳人。3 歳で母親と死別。継母との折り合いが悪く、15 歳で江戸に奉公に出て俳諧に出会い、やがて独自の作風を確立します。52 歳でようやく結婚するも、家庭的には恵まれない生涯でした。猫を詠んだ句が生涯で最も多いというのも、猫のおおらかさや自由さに憧れていたのかもしれません。

不精猫、安房猫（あほうねこ）、ばか猫、と詠む言葉の端々に、弱者への優しいまなざしを感じます。「猫の恋」や「猫の子」は春の立派な季語で、数多くの作品があります。一方の猫の写真は、小林一茶の生誕 250 年を記念して全国から募集したもの。「どら猫のけふもくらしつ草の花」「穴を出る蛇の頭や猫がある」などの全句に添えられた写真に実に多彩な猫が登場し、ニンマリしたり、微笑んだり、癒されたり。枕元にもお薦めです。2014 年に第 2 弾発行。（高）

■ねこのほそみち：春夏秋冬にゃー

◆堀本裕樹 著　ねこまき（ミューズワーク）まんが
◆さくら舎　2016年　186p
◆NDC：911.36（詩歌）

☆司書のおすすめひとこと
猫の俳句を、解説で学びながら、連想して描かれた漫画も楽しむ。倍愉しめる俳句集。

「NHK俳句」選者の経験もあり俳句結社「蒼海」を主宰する著者と、イラストレーターとのコラボによる俳句集。

著者が選んだ、一茶や子規から現代の俳人までの猫の句88句を、1句ごとに解説とマンガで見開きで紹介します。解説とマンガは同時進行で作成され、仕上がりは出来上がってのお楽しみスタイルで作成されました。俳句の解説は、季語の繊細さを説くかと思えば、著者の妄想で思わぬストーリーが展開され、俳句は自由に鑑賞してよいことを教えてくれます。マンガはマンガで、解釈に囚われない意表を突く展開もしばしば。自由な発想の気まぐれな振る舞いは、まるで猫！ 読んでいると、猫のぬくもりや優しさが伝わってきて、心が穏やかになっていくから不思議です。

さくら舎ホームページに2014年から2年連載された「ねこのほそみち」を加筆訂正した本。(高)

■猫とみれんと：猫持秀歌集

◆寒川猫持 著
◆文藝春秋　1996 年　229p
◆ NDC：911.168（詩歌）

☆司書のおすすめひとこと
バツイチで中年の、阿保らしくも哀愁と情けと未練の歌は、短歌というより川柳否演歌！

面白いだけでなくやがて哀しい異色歌集。猫と暮らすバツイチ眼科医は大阪人。大阪人特有のなんでも笑いに転化して楽しむ著者の武器は、短歌。著者の歌集『ろくでなし』と『雨にぬれても』より抜粋し、新作を加えた全 380 首が記載されています。

たとえば、「尻舐めた舌でわが口舐める猫好意謝するに余りあれども」「傘提げて駅で待っててくれた祖母いまはあの世で俺はずぶ濡れ」のような川柳もどきもあれば、「もういちど戻ってこぬか髪の毛を茶色に染めてみてはくれぬか」「男ならたれか女房を恋いざらむおまえいなくてさみしゅうてならぬ」の妻を慕う演歌もあります。

さらには、「目つむれば今も鳴るなり市場ゆく祖母の財布の小さき鈴よ」などの正統派もしっかり詠んでいます。師匠である随筆家で編集者の山本夏彦絶賛の歌集で、2003 年に文庫化。（高）

■猫のいる家に帰りたい

◆仁尾智 短歌・エッセイ
　小泉さよ イラスト
　猫びより編集部 編
◆辰巳出版　2020 年　111p
◆ NDC：911.168（詩歌）

☆司書のおすすめひとこと
猫を詠む猫歌人の短歌とエッセイ、雑誌『ネコまる』『猫びより』連載作品が 1 冊に。

猫歌人を肩書に持つ、仁尾智の短歌・エッセイ集。短歌とは五・七・五・七・七の三十一文字でつくる文芸です。五・七・五の十七文字で詠む俳句は季語を入れることで世界を広げますが、短歌に季語はありません。そのかわり本書の短歌には「猫」という語が一首につき 1 回以上必ず入っており、限られた文字数の中で猫との日常をユーモアと優しさに溢れた目線で詠みあげています。

2007 年から 2020 年までの 13 年間、何匹もの猫を保護し、一緒に暮らし、他所の家にも送り出し、看取ってきた日々を表現した作品は、楽しいだけではなく、切なく悲しい歌もあります。喜びも悲しみも含め、猫の柔らかくて丸い命の痕跡が残っていて、猫の居ない生活は考えられなくなりそうです。

イラストは猫好きの心をくすぐるリアリティ溢れるしぐさの猫を小泉さよが多数描き下ろしています。（墨）

■桂枝雀爆笑コレクション：上方落語5 バことに面目ない（ちくま文庫）

◆桂枝雀 著
◆筑摩書房　2006年　406p
◆NDC：913.7

☆**司書のおすすめひとこと**
人間以外を演じる枝雀（しじゃく）（1939–1999）師匠の新作爆笑落語。落語らしいオチに抱腹絶倒です。

猫は、実は人間の言葉が分かっているのではないか、と思うことはありませんか。

主人公の猫はある日、猫と話ができるようになった飼い主に、猫でもテレビのチャンネルを切替えられるようプッシュ式のリモコンにしてくれ、キャットフードには気持ちがこもっていないから魚を焼いてくれ、などといろいろな要求をします。飼い主は言い訳や失念ののち、やっと3日目にアジの開きを買ってくるのですが、猫は、2日も忘れておいて、アジの開きでは詫びる気持ちが足らん、鯛にしてくれ、などと説教を始めます。この説教がいちいちごもっとも。

副題の「バことに面目ない」は、「すビバせんね」とともに、枝雀師匠の落語にはよく出てくる酔っ払いのセリフですが、飼い主は詫びるばかりでタジタジです。是非、録音したCDやYouTubeなどの映像でもお楽しみください。（椛）

第6章
猫をおくる

■ぼくとニケ

◆片川優子 著
◆講談社　2018 年　221p
◆ NDC：913.6　(児童書)

☆司書のおすすめひとこと
突然、不治の病にかかってしまった子猫。短い命との向き合い方を丁寧に描く児童向け物語。

主人公の玄太は小学５年生です。玄太の幼なじみの仁菜が、５月のある日の公園で弱っていた子猫を拾いました。まずは玄太の母と一緒に動物病院へ連れて行って診てもらった子猫でしたが、結局玄太の家で飼うことになります。ニケと名付けられ、不登校中の仁菜も玄太の家に世話をしに来たり、みんなに可愛がられ元気に大きくなっていきます。

ところが夏になる頃、猫コロナウイルスの突然変異による猫伝染性腹膜炎（FIP）という、治らず長く生きられない病気になってしまいます。どんどん弱っていくニケを前に、玄太のお父さん、そして家族は、どんな決断をしたのでしょうか。保護猫活動の預かりボランティアについても触れながら、獣医師でもある児童文学作家の視点で、ペットなどの動物の命と最後までどう関わるか、子どもにも分かりやすく書かれています。(SK)

■くぅとしの：認知症の犬しのと介護猫くぅ

◆晴 著
◆辰巳出版　2019 年　111p
◆ NDC：645.66；748

☆司書のおすすめひとこと
猫の「くぅ」と犬の「しの」、出会ってくれてありがとう。Instagram が本になりました。

全身に皮膚病がある高齢の柴犬を保護した著者は、飼い主が見つからず引き取って「しの」と名付け、同居する猫たちとの暮らしが始まります。「くぅ」は野良猫の時の栄養不足で身体は小さいまま。そのくぅがしのに一目惚れ、ふたりは仲よしになりました。

楽しく過ごす中、しのに認知症の症状が出始めます。できなくなることが増えるしのをくぅは心配そうに見つめます。まるで階段を降りるように老いていくしの。ある日、くぅがしのに付き添い全身で支え介護するようになりました。しのの認知症が進む中、そばにはいつもくぅがいました。くぅとしの、保護猫たちの日常を公開する晴の Instagram 大人気アカウント「ひだまり日和」の書籍化。保護した日から、ふたりの出会い、介護の日々の多数の写真。認知症と老化の中で過ごしたふたりの穏やかな日々を綴ります。（も）

■猫が歳をとったと感じたら。：シニアになったネコの快適な生活のために知っておきたいこと

◆高梨奈々 著
◆誠文堂新光社　2015年　125p
◆NDC：645.6

☆司書のおすすめひとこと
シニア期になった大切な猫との暮らし方を知り、生命の大切さを実感する本。

ペット関係書の執筆を長く手掛けるライター高梨奈々の著作は、老齢期を迎える猫と飼い主が心地良く過ごせる術を網羅しており、介護やお墓のこと、ペットロスについても言及しています。特筆すべきは、ほぼ全ページに掲載の120余りの猫の写真に癒されること。また愛猫との別れに備えての章では、家族みんなでお別れをすることにより、読み手が猫や人の老い方に思いを馳せ、生命の大切さを実感出来るところでしょう。監修は経験豊富な動物病院院長の阪口貴彦。

猫専門獣医師・山本宗伸監修の『あなたの猫が7歳を過ぎたら読む本』（東京新聞　2019年）は、猫の老化のサインを見逃さずにケアをするコツが丁寧にまとめられています。最終章「震災から猫を守る」にある「猫のための避難の際の持ちものリスト」は、猫を家族と思っている読者に役立ちます。(な)

■まんがで読むはじめての猫のターミナルケア・看取り（いちばん役立つペットシリーズ）

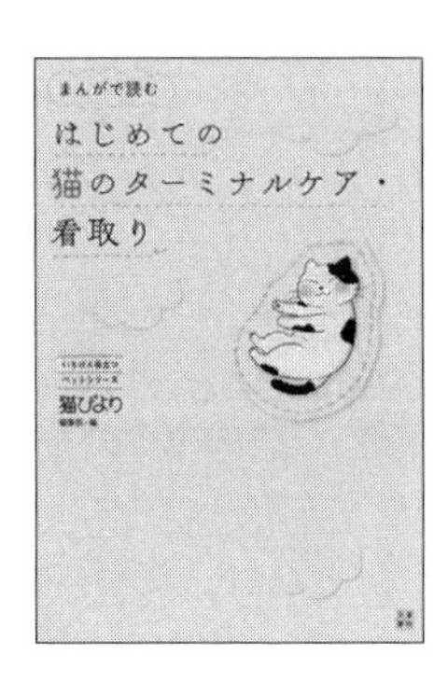

◆猫びより編集部 編
◆日東書院本社　2019 年　127p
◆ NDC：645.7

☆**司書のおすすめひとこと**
限りがあると知った、一緒にいられる愛しい時間に、できることはたくさんあります。

この猫の本第 1 章の『まんがで読むはじめての保護猫』と同じスタッフによる作品で、同じ登場人物「鈴木」くんと猫「もすけ」のお話です。完治の難しい T 細胞型リンパ腫に罹患していた 14 歳のもすけ。亡くなるまでの 2 ヵ月間、鈴木くんはもすけにとってベターな過ごし方を考え、選択し続けます。環境、食事、投薬、副作用、緩和ケア、別れ。各章には医師や体験者のコラムがあり、理解を深めます。受け入れ難い現実に直面しても出来ることがあると知るのは、猫と飼い主の双方のために必要です。

マンガのストーリーを追うにつれて読者の気持ちが同調していきます。鈴木くんの様々な感情、もすけの様子…ふたりと一緒にいる時間を私も過ごしました。別れの後に続くエピローグや、ふだんのふたりを想像させるおまけの 4 コママンガにも、余韻が残ります。(ゆ)

■タマ、帰っておいで：requiem for Tama

◆横尾忠則 作
◆講談社 2020年 153p
◆NDC：723.1

☆**司書のおすすめひとこと**
表題と、「アートではなく猫への愛を描いた」という作者の言が全てを物語っています。

「2014年5月31日深夜0時20分頃、二階の部屋で空咳五、六回のあと、妻に看取られて、タマ、息を引き取る」の一文に始まる本。ついで作者からの「タマへの弔辞」、2004年から2018年までの自著やTwitterから集めたタマに捧げる言葉と、91点の「タマの絵」が続きます。

なにげない日常、怪我や病気、行方不明に心を痛めたこと、死に遭っての喪失感。好きだった裏庭の樹の下に埋めたこと、幾月幾年過ぎても思い出す姿、眠れない夜の夢に訪れる感触、響く声。思い出とともに収められた沢山のタマの絵の大半がその死後に描かれたものであることが、逆に画家の癒えない悲しみを表しているように思えます。タマへの「愛」によって描かれ編まれたこの本の最後は再び死の夜に立ち戻り、リアルな遺影2点と、タマから「タダノリ君へ」の「ラブレター」で終わります。(阪)

■チロ愛死

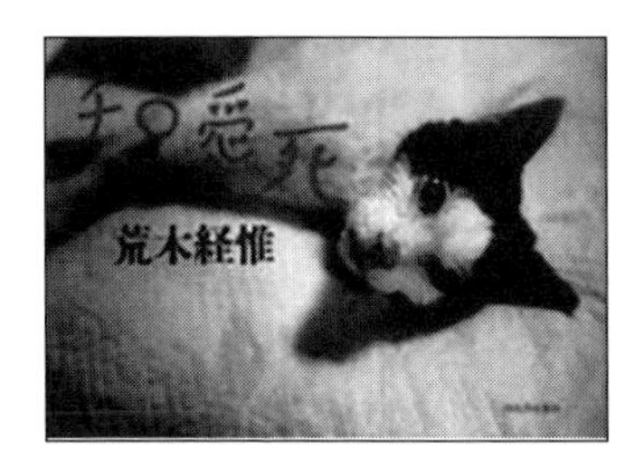

◆荒木経惟 著
◆河出書房新社　2010 年
　1 冊（ページ付なし）
◆ NDC：748

☆司書のおすすめひとこと
写真家の荒木経惟（アラーキー）は、愛妻家で愛猫家であると、写真から伝わります。

『愛しのチロ』（平凡社　1990 年）でイキイキとした姿を見せていた猫、チロ。その 20 年後、22 歳のチロが亡くなる 3 ヵ月前から、アラーキーが日々撮影した写真が 100 枚以上も並ぶ写真集です。

チロが亡くなった後、毎日空を写すアラーキー……かつて『センチメンタルな旅・冬の旅』（新潮社　1991 年）で、妻亡き後、ベランダ越しの空を何枚も写していました。愛しいものを亡くし一人きりになった写真家は、空を見上げながら何を思ったのでしょうか。ふと、うちのコがその時を迎えたら、最期に瞳に映るのは私であってほしいと、ページをめくる手を止め、空を見上げるしかできなくて……。

人も猫も、死による別れは避けられないことです。その悲しみや喪失感をどうやって受け止めたらいいのか……愛する猫の命との向き合い方、最期まで寄り添う暮らし方を考えさせられます。（え）

■猫のミーラ = A cat named Miira

◆井上奈奈 絵と文
◆よはく舎　2020年
1冊（ページ付なし）
◆NDC：726.6（絵本）

☆司書のおすすめひとこと
美しい絵と美しい物語。手元に置きたい一冊。

画家・井上奈奈の著書にはいつも個性的なイラストの動物が出てきますが、中でも猫に関するものが多く、その表情も豊かです。「今日、フリーダは眉毛をそりました」というドキッとする一文で始まる本書は、主人公「フリーダ」と猫「ミーラ」との出会いから別れまでが描かれており、ミーラとの思い出を遡って静かに物語が進みます。終盤には驚きと感動が隠されていて胸が熱くなります。

絵本といっても色使いは金・銀、白・赤と控えめ。それなのに紙の質感も含めて細部に至るまですべてが美しく鮮やかに見えます。装丁の素晴らしさも含めてデジタルでは決して演出できない、アナログな本の良さを伝えてくれる素敵な絵本です。文字数は少なめですが各ページに英語が併記されており、大人に手に取ってほしい1冊です。(58)

■ミツ

◆中野真典 著
◆佼成出版社
2019年　32p
◆NDC：：726.6 （絵本）

☆**司書のおすすめひとこと**
最期の時を一緒にいられたら、猫も人も幸せなのかもしれません。

絵本作家の中野真典は捨てられた生まれたての仔猫を保護、ミルクをあげ育てたのがミツです。猫の名前がついた絵本は痩せこけたミツの表情、姿で始まり、やがてくる死を強く意識させます。どうしようもない現実に一緒にいるだけの著者の気持ちを、大胆な絵と筆致で描いていきます。綿毛のように軽いミツを抱いて最期の時を過ごす著者。静かに夜が明け、ミツが旅立つ時がやってきました。

ミツと過ごした思い出を巻末に口述記録で収録。腕の中で逝ったミツ、いなくなってもそばで笑っているようで。（も）

■猫をおくる

◆野中柊 著
◆新潮社刊　2019年　221p
◆NDC：913.6 （小説）

☆**司書のおすすめひとこと**
猫の尻尾には星が隠れているんだって。どういうことでしょう？

猫の葬儀の場面から物語は始まります。若い住職たちが、猫を丁寧に弔うムーンライト・セレモニーという事業をはじめたのです。猫を亡くした人や、家族との別れを経験した人、個性あふれる猫たちが、引き寄せられるように集まってきます。この本には、そんな人と猫たちをめぐる短編6編が入っています。お別れの場面は多いですが、登場人物が死について率直に語り合い、猫と触れあう中で、一歩前に踏み出す姿がすがすがしく、温かい気持ちにさせてくれます。（は）

■チャーちゃん

◆保坂和志 作　小沢さかえ 画
◆福音館書店　2015 年　40p
　2018 年　95p
◆ NDC：726.6（絵本）

☆司書のおすすめひとこと
猫からみた死後の世界は軽やかで美しい。置いていかれた私たちは安心してもいい。

表紙の白い猫、名前はチャーちゃん。自分が死んだことはわかっている。住む世界は違ってしまったけれど「死んでも生きても、ぼくはぼく」変わらないと語りかけてきます。

作者の保坂は愛猫家で、ほぼすべての作品に猫が登場します。読む人がドキリとする無邪気な言葉で死後の世界を語るチャーちゃんに、小沢は透明感ある油彩で子猫の姿を与えました。

チャーちゃんが子猫と書かれてはいません。色彩豊かに美しく描かれる死後の世界は、踊るように、飛ぶように軽やかです。様々な生き物が生前の苦しみも、悲しみもなく自由に過ごしているようです。大切な存在と死によって別れ、この世に残されたこれからも生きていく私たちの心に希望が灯るのではないでしょうか。再会できる時は、誰にでもいずれ訪れます。ただし、あちらには「早く」はないそうです。（墨）

第7章

番外編　猫のまんが大集合

■ What's Michael? 1-5 新装版（講談社漫画文庫）

◆小林まこと 著
◆講談社　2010年　5冊
◆NDC：726.1

☆司書のおすすめひとこと
1980年代の傑作猫マンガ登場！

猫の生態を知り尽くした、小林まことの傑作猫マンガ。内容は、猫のマイケルを主人公にした、さまざまな設定で描かれる、読み切り短編マンガです。仲の良い夫婦に飼われていたり、ちょっとだらしのない女の子に飼われていたり。擬人化している話もあり、飽きずに楽しめます。マイケルという名前は、連載当時「スリラー」が流行していたマイケル・ジャクソンから取られたそうです。

講談社の雑誌『モーニング』に1984-89年に連載され、書籍として全8巻が出版されました。1986年度第10回講談社漫画賞一般部門受賞。当時はアニメやテレビドラマにもなりました。1994-95年に文庫化された後2003年には『猿の惑星』のパロディである猫の惑星のエピソードで綴られた第9巻が出され、2010年に原作全9巻が文庫新装版全5巻にまとめられ出版されました。(砂)

■夏目友人帳　第1-26巻（花とゆめcomics）

◆緑川ゆき 著
◆白泉社　2005-2021年　26冊
◆NDC：726.1

☆司書のおすすめひとこと
孤独な男子高校生、夏目貴志。招き猫の姿をした妖「ニャンコ先生」と過ごす日々を描く。

両親を亡くし親戚を転々としていた夏目は、幼い頃から妖（あやかし）がみえてしまう体質。友人たちから気味悪がられ、孤独な子ども時代を送っていました。高校二年の彼が、遠縁の藤原夫妻に引き取られるところから物語は転がり始めます。

ある日、妖に追いかけられた夏目は結界を破ってしまい、そこに現れたのは怪しい招き猫。それは後によき相棒となるニャンコ先生でした。しかもそのネコ型の妖は夏目の亡き祖母レイコと知り合いでした。夏目と同じく孤独だった彼女は、妖と戦い勝つことでその名前を奪い「友人帳」にコレクションしていたのです。「友人帳」を狙い、数々の妖が夏目に近づいてきて…。不器用に生きていた夏目でしたが、やがて周りの人を守る気持ちが芽生え、成長していきます。

2021年3月現在、アニメは第7期迄、劇場映画2本、漫画は絶賛連載中。（み）

■はぴはぴくるねこ 1-

◆くるねこ大和 著
◆KADOKAWA　2018年 -
◆NDC：726.1

☆司書のおすすめひとこと
くるねこ愚連隊。もんさん、ポ子、トメ、カラスぼん、胡ぼん、胡てつ……個性派揃いで増加中！

漫画『くるねこ』は2008年～2017年の全20巻で完結。以降は『はぴはぴくるねこ』とタイトルを変え、2021年1月までに8巻が出ています。著者くるねこ大和が保護した猫の里親を探すために始めたブログに掲載された漫画です。子猫を拾ったらミルクを与え、ワケありの猫を引き取ったら人に馴らし……手塩にかけてお世話された猫たちは、ブログを通じて60匹以上が里親に縁付き巣立ちました。

もともと一緒に暮らしていた猫も含め、くるねこ家在住の猫たちは“くるねこ愚連隊”と呼ばれ、その生活ぶりは漫画や写真、動画などで知ることができます。日々のブログの更新を満喫しつつ、書籍化された漫画に掲載される描きおろしに涙したり……猫たちが繰り広げる出来事の面白さもさることながら、くるねこ大和の猫に対する愛情の深さと、薬の上手な飲ませ方に感心します。（え）

■猫は秘密の場所にいる 第1巻-第3巻（小学館文庫）

◆波津彬子 著
◆小学館　2010年　3冊
◆ NDC：726.1

☆司書のおすすめひとこと
端麗な線で紡がれる「うるわしの英国」に不思議猫が一役も二役も買っています。

20世紀初頭、貴族文化最後の時代。持ち込まれる結婚話にうんざりしている伯爵家の跡継ぎのコーネリアスは、風変わりな令嬢クレアに出会い初めて心惹かれます。けれど、彼女には予想外の望みがあり、また風変わりな飼い猫がいて……。伝統や伝説、幽霊や妖精、不思議の残る古き良き時代を描いた波津の「うるわしの英国シリーズ」の中でも、コーネリアスとこの猫ヴィルヘルムとの日常を描いた作品は人気があり、連作が収録されています。

白黒ハチワレ長毛、目つき鋭く、人間のことは我関せずのようでいて、思わぬところで邪魔したり加勢したり、現れたり、消えたり、時にチェシャ猫のように笑ったりしゃべったりするように思える、奇妙な猫。その存在がこの幻想作品集になくてはならないのは、この猫自身が主人公の番外短編が複数あるのでも明らかです。現在不定期連載中の、日本が舞台の連作集『ふるぎぬや紋様帳　1－』（小学館　2015年－）も「猫」が重要キーワード。（阪）

■ねことじいちゃん 1-7 （メディアファクトリーのコミックエッセイ）

◆ねこまき（ミューズワーク）著
◆ KADOKAWA
2015-2021年　7冊
◆ NDC：726.1

☆司書のおすすめひとことと
妻に先立たれたじいちゃんと猫のタマ。島でのふたりの自由でのびのびした暮らしぶり。

自然豊かな島に住む大吉さん75歳、雄猫のタマ10歳。奥さんの佳枝さんを亡くしてからは二人暮らし。島では近所の人たち皆顔なじみで助け合いながら日々を過ごしています。

タマとの今の暮らしぶりと、佳枝ばあちゃんとの若かりし頃の出会い、結婚や子育て、幼馴染みで隣に住む巌じいちゃんとの子ども時代の回想シーンを折り混ぜながら様々なエピソードが生き生きと描かれています。佳枝さんが病室のベッドでエアータマを抱きしめるシーンは暖かさと切なさがじわーっと心に染みてきます。猫と人という種を超えた家族の繋がりにほっこり。2021年3月現在、7巻まで出版されています。

この漫画『ねことじいちゃん』は2018年に写真家の岩合光昭が監督し映画にもなっており、映画のシーンの写真集『ねことじいちゃん』（クレヴィス　2018年）も出版されています。(み)

■俺、つしま

◆おぷうのきょうだい 著
◆小学館　2018 年　175 p
◆ NDC：645；726.1

☆司書のおすすめひとこと
Twitter が話題となり書籍化された人気マンガ。つしまの写真あり！2020 年第 3 作刊行。

リアルに描写された仁王立ちの猫、潔いタイトル。表紙を見ただけで普通のほのぼの系猫マンガでないと察しがつくと思いますが、その直感を裏切らない内容です。外でゴミを漁っていたところ、猫好きなおじいちゃん（女性）と出会い保護されたキジトラ猫「つしま」の視点で日常が描かれています。つしまのふてぶてしい態度や口調に対し、惜しみない愛を捧げるおじいちゃん、その落差が生み出すシュールな笑いと唐突にやってくる癒しの一コマが絶妙なバランスです。

著者は「おぷうのきょうだい」という兄弟ユニットで作画を兄、文章を妹が担当しています。これまでも野良猫の世話や保護を行い、お家は行き場のない猫の立ち寄り所となってきたそうです。「大好き」「ただいてくれたらそれでいい」という猫ファーストの楽しい生活をのぞいてみて下さい。（磯）

■綿の国星　I-III　(大島弓子選集)

◆大島弓子 著
◆朝日ソノラマ
1985-1995年　3冊
◆NDC：726.1

☆司書のおすすめひとこと
作家橋本治が「ハッピィエンドの女王」と評した世界観の核の作品。

漫画家大島弓子の選集全16巻のうち、第9、15、16巻の3巻を占める長編で、計23話を収録。須和野家に拾われたチビ猫の目を通して見る世界が、柔らかなタッチで描かれています。人間には、人間の形の赤んぼうが大人に成長するルートと、猫が人間に変身するルートの二つがあると信じたチビ猫。初出は月刊マンガ誌『LaLa』1978年5月号から1987年3月号。第9巻収録「書き下ろしマンガエッセイ」で著者は「どこで終わっても良い話。終了もないかも知れません。」と書いています。(ゆ)

■猫絵十兵衛　御伽草紙一～(ねこぱんちコミックス)

◆永尾まる 著
◆少年画報社　2008年－
◆NDC：726.1

☆司書のおすすめひとこと
猫絵師の十兵衛と猫又ニタが繰り広げる温かく破天荒な江戸情話。

花のお江戸の猫長長屋（ねこちょうながや）に住む猫絵師の十兵衛と猫又のニタ。元は肥後国の天草下島で猫仙人だったニタは、彼の地を訪れた十兵衛を気に入り、猫仙人を引退し江戸で暮らし始めます。長屋のお隣には猫嫌いの侍・西浦さん。十兵衛の絵の師匠・十玄（じゅうげん）に、戯作者の初風、猫好きの奎安（けいあん）和尚……心優しき人々と、トラ助、耳丸に、猫又の三匹衆などなど、個性あふれる猫たちが繰り広げる物語に、笑ったり感心したり、時にほろりと泣かされたり……そこかしこに書き込まれている江戸の生活エピソードも見逃せません。(え)

＜猫本校閲校正余話＞

「司書のみんなで猫の本作るのですが、校正やりませんか」と高野一枝さんからメッセージが来たのは2020年の秋。「校正大好き！高野さんの本も大好き！もちろんやります」と返事をした途端、怒涛のプロジェクトに突入しました。ほとんど面識のない全国の司書の方から毎週10本近く原稿が届き、端からチェックして赤入れ。半年余りの間に、時にはバトルもしながら原稿をまとめて入稿し、大車輪で校正、そして索引作り！東京の図書館しか知らない私でしたが、北から南から寄せられてくる原稿に手を入れる作業はいつも、新しい本を生み出す瞬間を執筆者と共有する至福の時間となりました。Zoom会議で顔見知りとなり、今ではすっかり大家族の気分です。お金で買えない、一朝一夕にはできない、一人ではできない素敵なプロジェクトで人生がちょっぴり豊かになりました。（門）

あ と が き

いかがでしたか？ まだまだたくさんの本を紹介したかったのですが、今回厳選した本の中で、あなたの琴線に触れる本があったら嬉しく思います。

司書は、森羅万象の本や情報を扱うプロの専門職です。私の周りには素敵な司書がいて、みんなで集まれば何かできそうな予感がしました。そして、そんなプロが果たしてどんな本を薦めるのかにもちょっと興味がありました。巷で騒がれているようなハウツー本やベストセラーではなく、司書のセンスを生かした本が作れたら素敵だなあと、友だちに声をかけてつくったのが、この本です。「一緒に遊んであげるよ」と賛同してくれた皆さんと、1年かけて、猫に関する多岐にわたるジャンルからお薦め本を取り上げて、愉しみながらつくりました。コロナ禍で皆さんの仕事が忙しくなり、急きょ私も執筆することになったのですが、これまた思わぬ学びの場となりました。全国各地から集まった司書たちなので、進捗会議はZoomでおこないました。

この本を執筆した司書の半分は、会計年度任用職員もしくは指定管理会社の契約社員です。会計年度任用職員とは、2020年4月から施行された会計年度任用制度に従って採用される非常勤職員を指し、任期は1年。立場は様々ですが、課題を抱えながらも、司書の皆さんは頑張っています。そんな頑張りを、この本に残したい想いもありました。

そして、最初にお話しましたが、多くの図書館は本棚の配置をNDC分類に頼っています。この本は、いろいろなジャンルの本を集めた本の紹介本です。図書館の規則に従えば「0：総記」の棚に並べることになるかと思いますが、より多くの利用者に手に取ってもらえる本の棚に置いていただけたらとの想いも込めています。

この本は多くの方々の協力でできました。特に、遠藤恭代さんに本の構成案を作っていただきました。門倉百合子さんは、全ての原稿に目をとおし、編集の統括をお願いしました。Zoomの進捗会議での門倉さんの豊富な知識は、若い司書へ伝授する学びの場でもありました。また、高柳有理子さんには16回にも及び議事録を担当してもらいました。

最後に、私の我儘を通してくれた郵研社の登坂和雄社長をはじめ社員の皆さんと、この本を読んでくださった読者の皆さんに感謝申し上げます。

2021年10月

高 野 一 枝

書誌一覧

章・節	『書名』 著者　出版社　出版年　　（太字は見出し本）	ページ
第 1 章　猫をむかえる **1.1 猫との出会い**		
	『幸せになりたければねこと暮らしなさい』樺木宏 著　自由国民社　2016 年	16
	『仕事で悩んだらねこと働きなさい』樺木宏 著　自由国民社　2018 年	*16*
	『退屈をあげる』坂本千明 著　青土社　2017 年	17
	『猫を飼う前に読む本』富田園子 編・著　関由香 写真　誠文堂新光社　2017 年	18
	『みんなの猫式生活』猫式生活編集部 編　誠文堂新光社　2014 年	19
	『空前絶後の保護猫ライフ！』サンシャイン池崎 著　宝島社　2019 年	20
	『まんがで読むはじめての保護猫』猫びより編集部 編　日東書院本社　2020 年	21
	『野良猫の拾い方』東京キャットガーディアン 監修　大泉書店　2018 年	22
	『命とられるわけじゃない』村山由佳 著　ホーム社　2021 年	23
第 2 章　猫を識る **2.1 猫の生き方**		
	『猫』（河出文庫）石田孫太郎 著　河出書房新社　2016 年	26
	『ねこはすごい』山根明弘 著　朝日新聞出版　2016 年	27
	『猫の歴史と奇話』平岩米吉 著　築地書館　1992 年	28
	『猫になった山猫』平岩由伎子 著　築地書館　2002 年	29
	『猫的感覚』ジョン・ブラッドショー 著　羽田詩津子 訳　早川書房　2014 年	30
	『家のネコと野生のネコ』澤井聖一 本文・写真解説　近藤雄生 野生のネコ本文　エクスナレッジ　2019 年	31
	『三毛猫の遺伝学』ローラ・グールド 著　古川奈々子 訳　翔泳社　1997 年	32
	『猫のなるほど不思議学』岩崎るりは 著　講談社　2006 年	33
	『ねこ柄まにあ』南幅俊輔 著　洋泉社　2015 年	34
	『ネコもよう図鑑』浅羽宏 著　化学同人　2019 年	35
	『猫に GPS をつけてみた』高橋のら 著　雷鳥社　2018 年	36
	『オスねこは左利きメスねこは右利き』加藤由子 著　ナツメ社　2020 年	37
	『雨の日のネコはとことん眠い』加藤由子 著　PHP 研究所　1990 年	*37*
	『猫と東大。』東京大学広報室 編　ミネルヴァ書房　2020 年	38
2.2 歴史の中の猫		
	『魅惑の黒猫』ナタリー・セメニーク 著　柴田里芽 訳　グラフィック社　2015 年	39
	『猫の世界史』キャサリン・M・ロジャーズ 著　渡辺智 訳　エクスナレッジ　2018 年	40
	『吾輩は猫である』夏目漱石 著　大倉書店　1905-1907 年	*40*
	『ねじまき鳥クロニクル』村上春樹 著　新潮社　1994-1995 年	*40*
	『世界の猫の民話』日本民話の会、外国民話研究会 編訳　三弥井書店　2010 年	41
	『猫づくし日本史』武光誠 著　河出書房新社　2017 年	42

	『猫の伝説116話』谷真介 著　梟社　2013年	43
	『猫の古典文学誌』田中貴子 著　講談社　2014年	44
	『源氏物語5　梅枝－若菜下』[紫式部 著]　柳井茂 他校注　岩波書店　2019年	45
	『あさきゆめみし』大和和紀 著　講談社　1979–1993年	45
	『猫神さま日和』八岩まどか 著　青弓社　2018年	46
	『猫神様の散歩道』八岩まどか 著　青弓社　2005年	46
	『猫の怪』横山泰子 他著　白澤社　2017年	47
	『十二支のはじまり』長谷川摂子 文　山口マオ 絵　岩波書店　2004年	48
	『十二支のはじまり：十二支まるわかり』荒井良二 絵　やまちかずひろ 文　小学館　2006年	48
	『十二支えほん』谷山彩子 作　あすなろ書房　2020年	48
	『和猫のあしあと』岩﨑永治 著　緑書房　2020年	49
2.3 猫の気持ち		
	『猫語の教科書』ポール・ギャリコ 著　灰島かり 訳　スザンヌ・サース 写真　筑摩書房　1995年	52
	『猫ゴコロ』リベラル社 編　リベラル社　2012年	53
	『ネコの“本当の気持ち”がわかる本』今泉忠明 監修　ナツメ社　2009年	54
	『マンガでわかる猫のきもち』ねこまき[マンガ・イラスト]　大泉書店　2016年	55
	『ノラネコの研究』伊澤雅子 文　平出衛 絵　福音館書店　1994年	56
2.4 社会と猫		
	『ボブという名のストリート・キャット』ジェームズ・ボーエン 著　服部京子 訳　辰巳出版　2013年	57
	『ボブがくれた世界』ジェームズ・ボーエン 著　服部京子 訳　辰巳出版　2014年	57
	『ボブが遺してくれた最高のギフト』ジェームズ・ボーエン 著　稲垣みどり 訳　辰巳出版　2020年	57
	『難民になったねこクンクーシュ』マイン・ヴェンチューラ 文　ベディ・グオ 絵　中井はるの 訳　かもがわ出版　2018年	58
	『まいごのねこ』ダグ・カンツ、エイミー・シュローズ ぶん　スー・コーネリソン え　野沢佳織 やく　岩崎書店　2018年	58
	『猫はこうして地球を征服した』アビゲイル・タッカー 著　西田美緒子 訳　インターシフト　2018年	59
	『奄美のノネコ』鹿児島大学鹿児島環境学研究会 編　南方新社　2019年	60
	『シリアで猫を救う』アラー・アルジャリール、ダイアナ・ダーク 著　大塚敦子 訳　講談社　2020年	61
第3章　猫と暮らす **3.1 猫のお世話の秘訣**		
	『猫との暮らしが変わる遊びのレシピ』坂崎清歌、青木愛弓 著　誠文堂新光社　2017年	64
	『獣医にゃんとすの猫をもっと幸せにする「げぼく」の教科書』獣医にゃんとす 著　オキエイコ 画　二見書房　2021年	65

3.5　猫モチーフのお菓子と手工芸

書誌	頁
『猫いっぱいのスイーツ BOOK』Laura 著　KADOKAWA　2019 年	86
『ねここね：はじめての猫ねんど』高橋理佐 著　ラトルズ　2008 年	87
『やっぱりねこが好き！かぎ針編み ねここもの雑貨』 アップルミンツ　日本ヴォーグ社 (発売)　2020 年	88
『うちのコにしたい！羊毛フェルト猫のつくり方』Hinari 著　KADOKAWA　2016 年	88
『猫ぽんぽん：毛糸を巻いてつくる個性ゆたかな動物』trikotri 著　誠文堂新光社 2017 年	89
『ウチのコそっくりボンボン猫人形』佐藤法雪 著　日東書院本社　2017 年	*89*
『はしもとみお猫を彫る』はしもとみお 著　辰巳出版　2018 年	89
『猫の木彫入門』西誠人 著　日貿出版社　2008 年	90
『招き猫百科』荒川千尋 文　坂東寛司 写真　日本招猫倶楽部 編　インプレス　2015 年	91

3.6　猫の描き方

書誌	頁
『ねこを描く』リカ、ピズ 共著　金智恵 訳　マール社　2018 年	94
『水墨画・猫を描く』全国水墨画美術協会 編著　秀作社出版　2011 年	95
『5 分からはじめる水彩お絵かき & 雑貨づくり』吉沢深雪 著　玄光社　2017 年	96
『色えんぴつでうちの猫を描こう』目羅健嗣 著　日貿出版社　2016 年	97
『ねこいろえんぴつ』なかむらけんたろう 著　日貿出版社　2018 年	*97*

3.7　猫エッセイ

書誌	頁
『咳をしても一人と一匹』群ようこ 著　KADOKAWA　2018 年	98
『れんげ荘』群ようこ 著　角川春樹事務所　2009 年	*99*
『働かないの』群ようこ 著　角川春樹事務所　2013 年	*99*
『ネコと昼寝』群ようこ 著　角川春樹事務所　2017 年	*99*
『散歩するネコ』群ようこ 著　角川春樹事務所　2019 年	*99*
『おたがいさま』群ようこ 著　角川春樹事務所　2021 年	*99*
『ネコたちをめぐる世界』日高敏隆 著　小学館　1989 年	100
『私は猫ストーカー』浅生ハルミン 著　中央公論新社　2013 年	101
『私は猫ストーカー』浅生ハルミン 著　洋泉社　2005 年	*101*
『帰って来た猫ストーカー』浅生ハルミン 著　洋泉社　2008 年	*101*
『今日も一日きみを見てた』角田光代 著　KADOKAWA　2015 年	102
『猫は、うれしかったことしか覚えていない』石黒由紀子 文　ミロコマチコ 絵　幻冬舎　2017 年	103
『豆柴センパイと捨て猫コウハイ』石黒由紀子 著　幻冬舎　2011 年	*103*
『猫にかまけて』町田康 著　講談社　2004 年	104
『猫のあしあと』町田康 著　講談社　2007 年	*104*
『猫とあほんだら』町田康 著　講談社　2011 年	*104*
『猫のよびごえ』町田康 著　講談社　2013 年	*104*
『猫の手帖』月刊誌　猫の手帖社　1978–2008 年	*104*

	『猫のいる日々』大佛次郎 著　徳間書店　1994 年	164
	『大佛次郎と猫』大佛次郎記念館 監修　小学館　2017 年	*165*
	『スイッチョねこ』（こども朝日）大仏次郎 文　猪熊弦一郎 絵　朝日新聞社　1964 年 10 月 1 日	*165*
	『スイッチョねこ』大佛次郎 文　朝倉摂 絵　講談社　1971 年	*165*
	『スイッチョねこ』大佛次郎 文　安泰 絵　フレーベル館　1975 年	*165*
	『猫町』萩原朔太郎 作　金井田英津子 画　長崎出版　2012 年	166
	『猫町』萩原朔太郎 著　山口マオ イラスト　自費出版　1992 年	*167*
	『猫町 他十七篇』清岡卓行 編　岩波書店　1995 年	*167*
	『猫町』萩原朔太郎 作　金井田英津子 版画　パロル舎　1997 年	*167*
	『猫町：散文詩風な小説 』萩原朔太郎 著　しきみ 画　立東舎　2016 年	*167*

5.2 現代作家の作品

	『夏への扉』ロバート・A・ハインライン 著　福島正実 訳　早川書房　1979 年	168
	『空飛び猫』アーシュラ・K・ル＝グウィン 作　村上春樹 訳　S.D. シンドラー 絵　講談社　1993 年	169
	『帰ってきた空飛び猫』アーシュラ・K・ル＝グウィン 作　村上春樹 訳　S.D. シンドラー 絵　講談社　1993 年	*169*
	『素晴らしいアレキサンダーと、空飛び猫たち』アーシュラ・K・ル＝グウィン 作　村上春樹 訳　S.D. シンドラー 絵　講談社　1997 年	*169*
	『空を駆けるジェーン』アーシュラ・K・ル＝グウィン 作　村上春樹 訳　S.D. シンドラー 絵　講談社　2001 年	*169*
	『ルドルフとイッパイアッテナ』斉藤洋 著　杉浦範茂 絵　講談社　1987 年	170
	『ルドルフともだちひとりだち』斉藤洋 著　杉浦範茂 絵　講談社　1988 年	*170*
	『ルドルフといくねこくるねこ』斉藤洋 著　杉浦範茂 絵　講談社　2002 年	*170*
	『ルドルフとスノーホワイト』斉藤洋 著　杉浦範茂 絵　講談社　2012 年	*171*
	『ルドルフとノラねこブッチー』斉藤洋 著　杉浦範茂 絵　講談社　2020 年	*171*
	『愛別外猫雑記』笙野頼子 著　河出書房新社　2001 年	172
	『旅猫リポート』有川浩 著　文藝春秋　2012 年	173
	『絵本「旅猫リポート」』有川浩 文　村上勉 絵　文藝春秋　2014 年	*173*
	『みとりねこ』有川ひろ 著　講談社　2021 年	*173*
	『かのこちゃんとマドレーヌ夫人』万城目学 著　筑摩書房　2010 年	174
	『せかいいちのねこ』ヒグチユウコ 絵と文　白泉社　2015 年	175
	『キキとジジ』角野栄子 作　佐竹美保 画　福音館書店　2017 年	176
	『猫の客』平出隆 著　河出書房新社　2001 年	176
	『しずく』西加奈子 著　光文社　2007 年	177
	『虹猫喫茶店』坂井希久子 著　祥伝社　2015 年	177

5.3 アンソロジー

	『ねこだまり：〈猫〉時代小説傑作選』宮部みゆき，諸田玲子，田牧大和，折口真喜子，森川楓子，西條奈加 著　細谷正充 編　PHP 研究所　2020 年	178
	『猫のはなし：恋猫うかれ猫はらみ猫』浅田次郎 選　KADOKAWA　2013 年	179
	『吾輩も猫である』赤川次郎 他著　新潮社　2016 年	180
	『100 万分の 1 回のねこ』江國香織 他著　講談社　2015 年	181
	『100 万回生きたねこ』佐野洋子 作・絵　講談社　1977 年	*181*

書名索引

〈「書誌一覧」にある本の書名の五十音順索引。助詞の「は」「へ」「を」は、「わ」「え」「お」と読んでいます。〉

書名　　　　ページ（太字は見出し本）

の

著者名索引

〈「書誌一覧」にある本の著者名の五十音順索引。外国人名は「姓、名」の順に表記してあります。
なお、本文では著者名が省略されている場合があります〉

著者名　　ページ（太字は見出し本）

ろ

わ

ABC

執筆者一覧

氏名(サイン)	プロフィール
ありやまゆみこ 有山裕美子 (有)	東京都武蔵野市出身。公立小学校教諭、座間市立図書館非常勤職員、大学嘱託職員(附属中高図書館勤務)私立中学・高等学校教諭(国語科兼司書教諭)を経て、現在は軽井沢風越学園に勤務。3つの大学で非常勤講師を務める。モーリス・センダックの絵本が大好き。
いしかわやすこ 石川靖子 (石)	ローカルな司書。高校卒業後、進学のため上京し就職。図書館とは無縁の生活を楽しむ。10年間の会社員生活に別れを告げ、帰郷するやいなや図書館の沼にハマる。夏期講習で司書資格を取得し、現在は横手市立平鹿図書館で働く。いきもの全般、遠くから見る専門。最近、猫の額をナデナデできるようになってご満悦。
いそたになおこ 磯谷奈緒子 (磯)	海士町中央図書館長。鹿児島県から島根県の離島・海士町にアイターンしてはや20年。「島まるごと図書館」の立ち上げから関わり13年目となりました。現在、犬3匹 と暮らしていますが、いつか犬と猫と共に暮らすのが密かな夢です。
えんどうやすよ 遠藤恭代 (え)	神奈川県相模原市出身。公共図書館で働きたくて地元の市役所に入庁。行政職で13年6カ月、図書館勤務も13年6カ月。猫と宝塚歌劇団をこよなく愛する事務職系司書。現在は、再び行政職として事務仕事に励む毎日です。趣味はバイク、スキー、お裁縫。読書は積読が主流。愛猫はユキと胡太郎の2匹です。
おおさきまゆみ 大﨑まゆみ (墨)	小学校の図書委員から始まり、公共、公民館図書室、大学、専門図書館と流れに身を任せ、図書館で過ごしてきました。休日も図書館をハシゴしています。白くてふんわりした猫と暮らしています。日々猫毛まみれです。
おのでらちあき 小野寺千秋 (千)	現在中央区立図書館に勤務。児童担当が長く大人の本には詳しくありませんが、好きな児童書を紹介できればと思います。子どもの頃から猫を飼っていましたが、実家に猫がいなくなってしまってからはなかなか猫に触れなくなりました。今は家の近所の猫がたくさんいる公園を通って帰るのが日課です。
おのでらまさこ 小野寺昌子 (昌)	公共図書館勤務。猫好きが高じて猫本を始めとする猫グッズ集めが趣味。出版社勤務時代に。猫をテーマにした目録が作りたくて、社内企画書を書いたことがあります。その時のタイトルが『Cat catalog』でした。
かどくらゆりこ 門倉百合子 (門)	校閲担当。時空を越えて情報を作った人と使う人を結ぶ司書の仕事に魅せられ半世紀弱、これまで企業や団体の専門分野の資料を扱う専門図書館で仕事を積み重ねてきました。現在は7つ目の職場である大学図書館で、特殊コレクションの目録を採っています。座右の銘は渋沢栄一に学んだ「変化を怖れず新しい事に挑戦する勇気」。

かばもとよしみ 椛本世志美 （椛）	都内公共図書館勤務。図書の仕事を長く経験しましたが、改めて図書館ワールドの奥の深さ、幅の広さについて考え中。懐く犬が苦手で、断然猫派。日本図書館協会認定司書第 1177 号。
こうごなおみ 向後尚美 （な）	子どもの頃から、本が好き、図書館が好きでした。就職後に司書講習に通い資格を取得しました。以降、専門図書室を皮切りに、大学図書館などを渡り歩き、今日に至ります。犬も猫も好きですが、犬のような猫と暮らしてました。
こひろさなえ 小廣早苗 （SK）	群馬県の東毛地区出身。茨城県つくば市で４年間の大学生活の後、図書館で働きたいと司書として千葉県佐倉市に就職。実際には館内で本に直接関わる以外の仕事が多いという＜当然＞の現実に、＜本好き＞＜図書館好き＞を満たすべく、休日にも＜本活＞する日々。生物全般の生態に興味あり。メロン的なものが好き。
ごやみなこ 呉屋美奈子 （58）	沖縄県沖縄市出身。大学で図書館司書課程の非常勤講師をしながら専門図書館や公文書館・公共図書館などの勤務を経験。その後恩納村（沖縄県）に入職。恩納村文化情報センターでは図書館の準備段階から立ち上げ、運営まで行っています。海の見える大好きな景色とともに毎日楽しく働いています。動物とビールが大好き。日本図書館協会代議員。
こやすのぶえ 子安伸枝 （こ）	慶應大学大学院情報資源管理分野（社会人大学院）修了。千葉県印旛郡に生まれ育ち、県内の公立図書館に勤務。町立図書館→学校図書館→また公立図書館に勤務。2021 年現在、異動でアーカイブズに勤務中。地衣類ラブ。漂流する図鑑ライブラリー主催。日本図書館協会認定司書第 1142 号。
さかぐちやすこ 阪口泰子 （阪）	38 年前、なぜか拾ってもらえた名古屋市図書館を令和３年３月に卒業したローカルロートル司書。４月から同市南陽図書館で再任用短時間勤務（長っ！）。生き物は大好きだが育てるのは苦手。猫の毛アレルギーだけど、音楽が鳴ると踊りだすところが猫又的？。趣味は、郷土史と古文書読みと町歩き（と踊り）。街の調べ物屋さんになるべくまだまだ修業中。
ささかわみき 笹川美季 （笹）	図書館で素敵な司書と出会ったことがきっかけで司書資格を取得。その後、東京都府中市立図書館で嘱託職員として勤務する。児童担当を経験することで子どもの発達について興味を持ち、2016 年に保育士資格を取得。2017 年 11 月より、日本図書館協会図書紹介事業委員会委員。日本図書館協会認定司書第 2012 号。
さそうえりな 砂生絵里奈 （砂）	東京都生まれ。鶴ヶ島市に入職後、異動を繰り返しながら鶴ヶ島市立図書館に 16 年間勤務。現在は鶴ヶ島市教育委員会生涯学習スポーツ課で指定管理者が運営する図書館の管理を担当。自称独立系図書館司書。つるがしまどこでもまちライブラリー@鶴ヶ島市役所オーナー。日本図書館協会認定司書第 1060 号。

たかのかずえ 高野一枝 （高）	図書館システムの開発に20年間関わり、現職中に司書資格取得。現在は、NECネクサソリューションズ㈱ポータルにて、Webコラム「図書館つれづれ」を執筆中。また、若い方へのキャリア支援も。著書：『すてきな司書の図書館めぐり』『システムエンジニアは司書のパートナー』
たかはしたかこ 高橋貴子 （た）	神奈川県在住。20年あまり勤めた市役所を辞め、司書資格を取り、現在大学図書館で働いています。本に囲まれながら、人の役に立てることに幸せを感じます。趣味は川柳を詠むことと、花の写真を撮ること。マイブームはＮＨＫラジオ「朗読」を聴くことです。モットーは「地球に優しく」、最近読んだ本は重松清著『きよしこ』です。
たかやなぎゆりこ 高柳有理子 （ゆ）	2000年夏、司書になり、大学図書館、病院図書室を経て、2007年より田原市図書館(13年間)、2020年より豊橋市図書館。勤務館8つめの非正規司書。2021年、図書館で働き始めて20年になります。非正規司書のキャリアパスを探しながら、前を向いて進みます。日本図書館協会認定司書第1111号。
ながみひろみ 永見弘美 （ひ）	都内公共図書館勤務。幼い頃から学校図書館、地元の図書館でたくさんの本に出会いました。2人の子ども達とも図書館に通い詰めた結果、とうとう通信教育で司書資格を取得し、現在に至ります。仏像、特に運慶に魅かれていくうちに、歴史、図書館のある土地の歴史資料にも興味が湧いてきました。現在、日本図書館協会代議員、非正規雇用職員に関する委員会所属。
にいほりりつこ 新堀律子 （律）	就職後、図書館に配属され、通信で司書資格取得。図書館分室だけの時代から地域の人たちと図書館づくり運動に関わり、分室開館準備、中央図書館開館準備等に携わる。図書館と行政職を行ったり来たりしながら図書館は16年3か月勤務。現在は女性センター勤務。図書室の活用法について模索中。猫を飼ったことはないが、見るのが好き。
はやしやすこ 林泰子 （は）	大学卒業後、化学メーカーで研究・開発を２０年。家族で転居した大分県の小さな図書館で働くことになり「なんてパラダイス」と感動して今に至る。現在は都内公共図書館勤務。 10代の終わり頃から、実家が猫屋敷化！ 猫穴を通って出入りする自由な猫たちと過ごしたことがある。
ひらのたえこ 平野妙子 （妙）	東京都出身、親の代からの生粋の江戸っ子。子どもの頃からいつも生活の傍らに猫がおり、現在はオス猫１匹と家族と過ごす。買い物時には、目をギラギラさせて猫グッズを探索し、自分好みを見つけては「I　ネコ、ＧＥＴ!!」とほくそ笑んでいる市立図書館の事務系司書。
ふじまきさちこ 藤巻幸子 （ふ）	元公共図書館司書。毎朝5時に猫に起こされている。同居の猫は小虎（ことら　オス10歳　キジ白）と小雨（こさめ　メス2歳　三毛）。本人は図書館系イベントにネコミミ姿で出没する。

ふじもとおりべ 藤本織部 （オ）	大学卒業後、夏の司書講習にて資格を取得。公共図書館勤務を経て、現在は都内の専門図書館で働く。得意な分野は7類前半、好きな業務は本棚の整理。読書は主に週末の喫茶店にて、ただしこの頃は新しい趣味に夢中で読みかけ本がたまるばかり。
みやざきゆみこ 宮崎祐美子 （み）	埼玉県内の公立図書館勤務。いきもの好きだが猫飼いは未経験。『夏目友人帳』のニャンコ先生（斑（まだら））に憧れている。趣味の散歩中に猫たちに遭遇するも、こちらの熱い思いとはうらはらに相手にしてもらえないばかりか、常にシャッターチャンスも逃している。好きな猫本は『にゃんきっちゃん』。
むらかみいちご 村上苺 （苺）	公共図書館員。非正規司書10年を経て現在正規司書8年目。新館建設に関わってきたり、遠くない未来にまた関わりそうな気配を感じたりで、日々勉強。ねこもいぬもパンダも好きだけど､前世は鳥のような気がする。日本図書館協会認定司書。
もりとたかこ 森戸孝子 （も）	民間企業を辞職し、臨時職員として伊万里市民図書館の開館とともに勤務。後に非常勤嘱託司書、会計年度職員へ。これまでに児童図書やレファレンスサービスなど多くの部署を担当。来館される猫好きな人との猫話が楽しみ。手のひっかき傷を挨拶がわりとし、世界中の猫の幸せを願っている。日本図書館協会認定司書第1127号。
やえがしたかこ 八重樫貴子 （YAE）	表紙、イラスト担当。図書館で働くことに憧れ学生時代に公共図書館でアルバイトを経験。現在は図書館関連会社に勤務。仕事の傍ら気まぐれにねこなどの動物イラスト、似顔絵を描く。かわいいものや甘いものが好き。でもスパイシーで辛いものも好き。いろいろな分野の文化に触れたり人の話を聞いたりするのが好き。
わたなべたかこ 渡辺貴子 （W）	岩手県奥州市生まれ。町立図書館、市町村合併後は市内図書館を経て、再び胆沢図書館。利用低迷の再生事業として、絵本に出てくるパンを再現した“コラボパン”を授産施設と企画したり、公共図書館初の常設の猫本コーナー「猫ノ図書館」を開設。図書館のテーマパークを目指し奮闘中。冷えとり健康法を実践している。

〈編者プロフィール〉

高野一枝（たかの　かずえ）

大分県生まれ。図書館システムの開発に20年間関わり、現職中に司書資格取得。現在は、ライブラリーコーディネーターとして、NECネクサソリューションズ㈱ポータルにて、Webコラム「図書館つれづれ」を執筆中。また、在職中から産業カウンセラーやキャリアコンサルタントなどの資格を取得し、若い方へのキャリア支援も。著書に『すてきな司書の図書館めぐり』『システムエンジニアは司書のパートナー』がある。ブログ：しゃっぴいおばさんのブログ

図書館司書（としょかんししょ）30人（にん）が選（えら）んだ猫（ねこ）の本棚（ほんだな）
～出会いから別れまでの299冊（ニクキュウ）～

2021年10月31日　初版発行

編　者　高野　一枝　

発行者　登坂　和雄
発行所　株式会社　郵研社
〒106-0041　東京都港区麻布台3-4-11
電話（03）3584-0878　FAX（03）3584-0797
ホームページ http://www.yukensha.co.jp

印　刷　モリモト印刷株式会社

ISBN978-4-907126-45 -2　C0095
2021 Printed in Japan
乱丁・落丁本はお取り替えいたします。